농촌융복합산업
선두주자가 알려주는
창업농 노하우

부자
농부의
창업 이야기

농사업으로
내 인생의
풍년을
경작하라

농촌융복합산업
선두주자가 알려주는
창업농 노하우

저자 · 김태준

부자
농부의
창업 이야기

내가 선택한 흙길

2014년 12월, '투자의 귀재' 짐 로저스(Jim Rogers)가 내한해 서울대 학생 앞에서 특강을 했습니다. 당연히 구름 떼 같은 청중들이 몰렸습니다. 미래를 내다본다는 그의 뛰어난 혜안으로 세계 경제 전망과 투자법을 듣고 싶어서였습니다. 열정적인 강연 이후에 한 서울대 학생이 손을 들어 질문했습니다.

"다시 젊어진다면 어떤 다른 선택을 할 건가요?"

그는 웃으며 말했습니다.

"난 다시 태어난다면 중국 농부의 삶을 살고 싶습니다."

이 의외의 답변에 많은 학생들이 의아해했습니다. 하지만 짐 로저스는 그날 많은 시간을 할애해 농업에 대해 말했습니다. 학생들에게 교실을 나가 드넓은 농장으로 향하라면서, 강연장에 모인 학생들이 은퇴할 때쯤에는 농업이 수익을 가장 많이 내는 산업이 될 것이라고 단언했습니다.

'농업이 미래다.'라는 이 대가의 말을 듣고 어떤 생각이 드셨습니까?

그의 말을 들으면 이론적으로는 그럴듯해 보입니다. 식량과 농경지 부족 문제는 우리도 언론에서 많이 들어서 이제는 알고 있는 문제니까요. 그렇다면 우리나라의 농업 현실도 과연 그럴까요? 내가 청춘을 걸어서 도전해볼 만한 가치가 있는 것일까요? 자꾸만 의문이 꼬리에 꼬리를 물면서 생각하다 보면 결국 아무것도 도전하지 못합니다. 도시에서 나고 자랐는데 아무리 잠재적 가능성이 있다고 해서 생활의 터전을 하루아침에 바꾸는 게 쉬운 일은 아닐 겁니다.

저도 그렇게 주저하던 청년 중 한 명이었습니다. 농업이라는 화두를 두고 고민에 고민을 거듭하는 날들이 꽤 길었습니다. 하지만 운 좋게도 여러 기회를 통해 농업의 가능성을 제 눈으로 직접 확인하고 농사업에 뛰어들게 되면서 지금은 저도 짐 로저스의 그때 그 말이 무슨 의미인지 온몸으로 느끼고 있습니다. 농촌으로 터전을 옮긴 지금, 농업은 우리의 미래이고, 우리의 미래가 곧 농업이라고 말하고 싶습니다.

제 이십 대 시절, 당시 국내에서는 친환경 농업이 막 시작되던 즈음이었습니다. 당시 제 인생멘토셨던 선생님이 갑자기 저에게 물어보셨습니다.

"자네, 농업이 뭐라고 생각하나?"

생각지도 못한 질문에 저는 당황할 수밖에 없었습니다.

"농업은 돈인 것 같습니다."

얼떨결에 내뱉은 말이었습니다. 그러자 제 멘토는 빙그레 웃으며 짧게 말씀하셨습니다.

"그래. 잘 봤다."

그때 저는 농업에 대해서는 잘 모르고 있었을 때입니다. 그래도 그 순간, 앞으로 제가 만약 사업을 하게 된다면 농업과 관련이 있는 일을 해야겠다고 다짐했습니다. 지금에 와서 그때 나눈 대화를 생각하면 삶이란 우연 같기도 하고 필연 같기도 합니다.

저는 이 책을 쓰면서 처음 농업과 농사업에 대해서 생각했던 그날의 대화를 자주 떠올렸습니다. 그리고 그 당시의 젊은 저에게 필요했던 이야기들과 정보들을 '미래의 후배'들을 위해 전수해주고 싶다는 마음으로 그간의 시행착오들을 가감 없이 공개할 용기를 갖게 됐습니다.

제가 농사업에 본격적으로 뛰어든 지 벌써 칠 년이 다 되었습니다. 저는 농업회사법인을 설립했습니다. 그게 바로 농업회사법인 '㈜케어팜'입니다. 이 사업이 자리를 잡으면서 저절로 제 회사를 따라붙는 영광스러운 훈장 같은 명칭들도 늘어갔습니다. 농촌융복합산업(6차 산업) 사업자, 예비사회적기업, 기업부설 연구소, 벤처기업,

전라북도 돋움기업, 현장실습교육장(WPL) 지정 및 다양한 인증들이 있습니다. 이 과정 모두 우리나라 농사업의 발전 방향과 같이한다는 판단 아래 케어팜이 도전해서 인정받은 명예로운 성과들입니다.

농업은 1차 산업이 아닙니다. 그래서 저는 이 책에서 1차 산업에 국한되는 경우를 제외하고는 농업이란 용어 대신에 농사업이라고 표현하기로 했습니다.

실제로 농사업 관련 강의를 나가면서 저는 학생들에게 농업이 가진 '다원적 기능'에 집중하라고 강조했습니다. 본문에서 자세히 설명하겠지만, 이 다원적 기능을 실천하는 것이 바로 '농촌융복합산업'입니다. 농촌융복합산업은 농산물 생산과 가공, 체험, 관광, 교육까지 포함한 개념입니다. 이렇게 융복합에 도전하는 것이 우리나라 농업이 나가야 할 미래입니다.

가끔 날이 좋을 때 회사 건물 주변을 돌아봅니다. 회사 앞에 펼쳐진 작물들을 보면 하나하나가 그렇게 귀할 수 없습니다. 또 주말마다 찾아와서 신이 나게 체험학습을 하는 아이들을 보면 제가 해야 할 책무에 대해 한 번 더 생각하게 됩니다. 회사 간판 옆에 붙어 있는 수많은 수식어들이 제가 더 부지런하라고 채찍질을 하는 것 같습니다.

처음 귀농을 할 때 어머니께서는 많이 속상해하셨습니다.

"너를 그렇게 공부시켰는데, 이제 와서 농사를 짓는다고?"

어머니는 제가 농사짓는 게 영 맘에 들지 않으셨던 것 같습니다. 그도 그럴 것이 저도 공학박사 학위까지 취득하면서 계속 공부를 해왔습니다. 그래서 어머니께서는 번듯하게 좋은 자리에 앉아서 일하는 모습을 상상하셨을 게 당연합니다.

하지만 저는 실망하는 표정의 어머니에게 단언했습니다.

"어머니, 지금은 귀농이 대세예요. 그리고 전 그냥 농사를 지으려고 온 게 아니고, 농사업을 하려는 것이니까 걱정하지 마세요!"

그로부터 육 년이 지나서 제 회사 건물 1층에서 '농촌융복합산업 체험관' 준공식이 열렸습니다. 그 자리에 제 어머니도 오셨습니다. 아들이 하는 회사를 직접 찾아오셔서 머무른 건 그때가 처음이었습니다.

"태준아, 미안하다."

어머니는 처음 농사일에 뛰어든다고 했을 때 도와주지 못해서 미안하다고 말씀하셨습니다. 그때 제가 어머니에게 농사가 아니라 농사업을 하겠다고 말씀드렸지만, 어머니는 그게 무슨 말인지 모르셨습니다. 아니, 모르는 게 당연했습니다. 어머니뿐 아니라 제 주변의 거의 모든 사람들이 반대했으니까요. 성공적으로 체험관 준공행사를 마치고 돌아가시는 어머니의 뒷모습이 이젠 좀 가벼워 보였습니다. 농업과 농사업의 차이는 모르겠지만, 어쨌든 농사일을 하면서 아들이 나름대로 꽤 성공했구나, 하는 생각을 하지 않으셨을까요.

대도시에 살던 많은 사람들이 점점 더 귀농, 귀촌에 관심을 갖고 있습니다. 실제로 뛰어들기도 합니다. 요즘에는 사업 수완과 비전을 갖고 농촌에 내려오는 이들을 '청년창업농'이라고 부르기도 합니다.

이 젊은이들과 얘기해보면 초보들에게 가장 필요한 것은 경험과 정보의 공유였습니다. 똑같은 실수를 반복하는 후배들에게 일일이 찾아가서 알려줄 수도 없는 노릇이니, 힘들어하는 모습들을 볼 때마다 안타까웠습니다. 이 책에서는 기존의 많은 관련 서적들이 무조건적으로 성공담을 자랑하거나 농업·농사업 실무에서 전혀 필요 없는 이론까지 포함하던 것에서 조금 벗어나려고 했습니다. 철저하게 경험에서 비롯된 것들을 나름 정리해서 최대한 많은 간접경험을 하기를 바라는 마음으로 글을 썼습니다. 농촌에 관심 있는 청년들에게는 용기를, 농사업을 실제로 준비하거나 초기 단계인 청년들에게는 실무 지식과 노하우를 전해주고자 합니다.

다시 한번 강조하지만, 농업은 미래입니다. 우리의 미래는 농업에 있습니다. 농사를 넘어 농사업의 길을 걸어가고 있는 케어팜의 이야기를 지금부터 시작하겠습니다. 그 길은 아스팔트가 아니라 흙길이지만, 그 길 끝에는 '남이 살라는 대로 사는' 내가 아니라 '내가 선택한' 내가 활짝 웃으면서 기다리고 있을 것입니다.

목 차

작물재배, 성공과 실패

농촌의 재발견, 새롭게 열린 기회

목 차

에필로그

부자농부의 꿀팁

책 곳곳에
심어져 있습니다.

길은
농사업에
있다

도시는 이미
레드오션

어느 날 서울에서 특강을 마치고 강의실에서 나오려는데 한 청년이 수심에 잠긴 얼굴로 다가와서 저에게 고민을 토로했습니다. 그는 작년에 대학을 졸업한 취업준비생이었습니다.

"요즘 친구들 절반이 백수예요."

저는 이 청년에게 어떻게 위로를 해야 할까요? 앞으로 많은 기회가 있을 테니까 무조건 용기를 내라고 할까요? 눈높이를 낮춰서 중소기업에도 원서를 몇 군데 넣어보라고 할까요? 아니면 '아프니까 청춘'이라는 말을 해줘야 할까요? 위로나 격려 대신에 저는 그 청년에게 농촌에서 창업을 하는 길에 대해 말해줬습니다.

청년은 고개를 갸웃하면서도 제 얘기를 한참 진지하게 경청했습니다. 마지막에는 어렴풋하지만 분명한 희망 하나를 발견한 듯 조금 웃으며 저에게 꾸벅 인사를 하고 돌아갔습니다. 실제로 그 청년이 도시에서 괜찮은 일자리를 찾아 구직서류를 열심히 쓰고 있을지, 아니면 넥타이를 매고 출퇴근을 하는 직업을 찾았는지 모르겠습니다. 어쩌면 저의 조언대로 농촌에서 새로운 길을 모색하고 있을지도 모르겠네요.

제가 그 청년에게 그렇게 힘줘서 농촌(농업)의 희망을 말한 데에는 분명한 이유가 있습니다. 대도시가 레드오션이란 건 저 혼자만의 주장이 아닙니다. 청년들은 도시에서 일자리를 찾고 있습니다. 주변 친구들을 따라서 자신도 그럴듯한 대기업에 정규직으로 입사하기 위해 입사지원서를 쓰고 또 씁니다. 누군가는 9급 공무원 시험에 사활을 걸고 노량진에서 몇 년 동안 '고시 폐인'이라는 말까지 들어가면서 수험생 생활을 하기도 합니다.

하지만 노력만 한다고 되는 게 아닙니다. 우리는 현실을 직시해야 합니다. 지금 대한민국 주요 도시에서는 청장년층 일자리가 더 이상 늘어나지 않고 있습니다. 이미 포화상태이지요. 반면에 우리 농촌에서는 일자리 부족 현상이 나타나고 있습니다. 농촌으로 향하는 이주 행렬은 이어지고 있습니다. 농림축산식품부에 따르면 귀농·귀촌 인구가 빠르게 늘면서 2017년에 이미 50만 명을 돌파했습니다. 농촌으로 일단 거주지를 옮기고 나서 농업에 뛰어드는 사람도 셋 중 하나입니다. 이 사람들은 그저 작물을 재배해서 팔거나 단순 가공하는 데에서 그치지 않고 도시와 농촌을 잇는 체험과 관광 프로그램 등으로 활기를 불어넣고 있습니다.

국민 경제에서 농업이 차지하는 중요성에 대해 국민들의 절반 이상이 '농업이 지금까지도 중요했고, 앞으로도 중요할 것이다(농업인 52.6%, 도시민 54.5%)'*라고 인식하고 있는 것으로 나타났습니다. 농촌의 중요성에 대해서 앞으로도 점점 더 중요성이 커질 것이라고 생각한다는 것입니다. 이와 함께 농촌의 공익적 가치와 이를 유지하기 위한 세금 추가 부담에도 다수가 지지하고 있는 것으로 나타났습니다. 사회적 흐름이고, 정부의 정책이 뒷받침되고 있는 상황입니다.

저를 포함해 일찌감치 농촌의 가능성에 눈을 뜬 청춘들이 시골로 내려와서 '젊은 농촌'을 만들겠다는 목표로 움직이고 있습니다. 그리고 실패와 재기를 반복하면서 성장하고 성공을 향해서 나아가고 있습니다. 농촌의 기회는 사실상 무궁무진하다는 말이 어울립니다. 해야 할 일이 많고, 그것을 잘만 하면 효율적이고 창의적인 아이디어만 있으면 성공의 기회도 열려 있습니다. 도시에서 시작하는 사업에 비하면 초기 자본도 적게 드는 편입니다. 정부에서도 기꺼

---

* 한국농촌경제연구원, 「농업·농촌에 대한 국민 의식 조사」, 2020년 3월 발표

이 도울 준비가 돼 있습니다.

문제는 그것을 실천하는 사람은 적고 그것을 바꾸려는 행동들은 더디기 때문에 바뀌지 않는 것처럼 보일 뿐입니다. '손에 흙을 묻히는' 젊은이들은 이미 성공의 길을 뚜벅뚜벅 걸어가고 있습니다. 시야를 넓히면 반드시 보이는 길입니다. 농촌은 아직 블루오션*입니다.

---

* 블루오션(Blue Ocean) : 붉은(Red) 피를 흘려야 하는 경쟁 시장(레드오션)과 대비되는 경제 용어. 높은 수익과 무한한 성장이 존재하는 시장. 「매일경제용어사전」 참조

먼저 하는 사람이
임자다

"아침에 잠에서 깨어 자신이 하고 싶은 일을 하는 사람이 성공한 사람이다."

전 세계 대중음악인 최초로 노벨문학상을 받은 미국의 싱어송라이터 밥 딜런(Bob Dylan)이 했던 말입니다. 하지만 여러분의 아침은 어떤가요? 대부분 사람들은 매일 아침 힘겹게 일어나서 출근길에 나섰다가 하루 종일 일에 지쳐서 파김치가 돼 집으로 돌아옵니다.

제 일상도 크게 다르지 않았습니다. 매일 아침 일곱 시에 출근해서 자정을 넘겨야 일이 끝날 때가 부지기수였습니다. 전라북도 익산시청 공무원으로 일하면서 하루하루 바쁘게 살았습니다. 지자체에서 이뤄지는 굵직한 정책들의 기획을 총괄하는 게 제 주 업무였기 때문입니다. 아침부터 밤늦게까지 화장실 갈 틈 내기도 쉽지 않았습니다. 제가 다룬 정책들이 지역사회를 바꾸는 것을 보면서 때때로 큰 보람이 있었지만 이게 제가 평생 하고 싶은 일인지 생각해보면 문득문득 회의감이 들었습니다. 그러던 어느 날 친한 고향 후배가 찾아왔습니다.

"형, 감초 알아요?"
"응? 약방의 감초, 할 때 감초?"
후배는 고개를 끄덕였습니다.
"네, 형이 정책을 하니까 감초에 대해서 알아봐주세요."

저는 그 당시만 해도 꽤 많은 농촌(농업) 관련 정책을 다루고 있었습니다. 그래서 농촌 산업에 대해서는 어느 정도 잘 알고 있었다고 생각했던 때라 감초가 국산이 아니라 전적으로 수입에만 의존하고 있다는 게 의아했습니다. 감초에 대한 자료를 찾고, 또 찾고 찾아보고 내린 결론은 감초는 누군가는 꼭 해야만 하는 작물이라는 것이었습니다. 페이스북을 통해 알고 있는 한 지인의 글에서 이런 인상 깊은 글귀를 본 적이 있습니다.

"나라가 안 하면 '나'라도 한다!"

그때 제 마음이 꼭 그랬습니다. 감초는 '나'라도 해야 될 것만 같았습니다. 이후에 후배는 감초 작물의 국산화 필요성과 가능성에 대해서 틈틈이 열변을 토하며 말해줬습니다. 저는 감초 작물에 대해 시간을 내서 공부하기 시작했습니다.

'약방의 감초'란 옛말이 괜히 나온 게 아니었습니다. 한약에 꼭 들어가는 재료일 뿐 아니라 일일이 나열할 수 없을 정도로 많이 쓰이고 있었습니다. 의약품, 화장품, 미용, 숙취해소 음료에도 쓰이고 심지어 간장에까지 감초가 들어가고 있다는 걸 모르는 분이 많으실 겁니다. 그때 저도 그랬으니까요. 아직 놀라긴 이릅니다. 담배를 만들 때에도 쓰입니다. 국내에서 담배를 제조할 때 연간 500~600톤의 감초를 사용한다는 통계를 보고 깜짝 놀랐습니다.

나중에 더 자세히 말씀드리겠지만, 국산 감초가 설 자리를 잃게 된 데에는 다 이유가 있었습니다. 하지만 그것을 극복하는 것도 가능해 보였습니다. 누군가 먼저 시작하지 않았을 뿐이란 걸 알게 됐고, 제가 뭔가를 해볼 수 있겠다 싶은 자신감이 생겼습니다.

그런 제 마음과는 별개로 현실에서 제 발목을 잡은 건 기회비용이었습니다. 지금 제가 누리고 있는 지위와 안정적인 커리어와 전혀 다른 길이었기 때문입니다. 주변의 우려 섞인 시선도 많았습니다.

정책 전문가로서 성과를 내면서 더 좋은 자리를 주겠다는 제안을 받고 몇 주 동안 고민하기도 했습니다. 가까운 이들에게 고민을 말하면 "네가 갑자기 웬 농사냐!"는 말을 귀에 박히도록 들었습니다.

하지만 감초란 작물에 대해 알아볼수록 농촌융복합산업(6차 산업)으로 잘 키워나가면 반드시 성공의 길이 열릴 것이라는 걸 깨달았습니다. 단순히 작물을 재배하는 데에만 몰두한다면 농업의 미래는 밝지 않습니다. 제 고향 마을도 어르신들이 이미 고령이 돼서 일할 사람이 없습니다. 벌어들이는 돈도 겨우 인건비 수준이어서 쉽게 뛰어들만한 요인도 없습니다.

하지만 젊은이의 시선에서 볼 때 조금만 경영적인 마인드를 가지고 접근한다면 그만큼 할 수 있는 일들이 많은 것도 바로 농촌이었습니다. 아직 가지 않은 길을 내가 먼저 가보아야겠다! 그런 용기는 일 년간의 사전조사 끝에 나온 것이었습니다.

| 농촌융복합산업(6차 산업)이란? |

1차 산업에 해당하는 기존의 농업을 가공산업(2차 산업) 및 서비스업(3차 산업)과 융합해서 농촌에 새로운 가치와 일자리를 창출하는 산업을 이르는 경제 용어입니다. 예를 들어 사과 농사를 짓는 농가에서 재배면적이 충분하지 않아서 사과를 판매하는 것만으로 충분한

소득을 얻기 어려운 경우, 사과를 잼이나 파이 등으로 가공해서 판매해 새로운 소득을 얻을 수 있는 것이지요. 또 사과 농장을 체험 농장을 만들어 도시민들이 농장 체험이나 숙박 등의 서비스를 이용하도록 해서 추가 소득을 창출할 수 있고요. 결론적으로 6차 산업은 농가가 농업뿐 아니라 주변 여건과 기술을 최대한 활용해서 새로운 소득원을 창출하게 되는 것을 의미합니다.[*]

----

[*] 『두산백과』 참조 및 인용

기본부터
시작하라

    지금의 4050세대만 해도 어릴 적 농사를 짓는 할머니 할아버지 댁에 대한 풍경이 머릿속에 추억으로 남아 있습니다. 아버지를 따라 모내기를 흉내 내봤던 기억, 논에 발이 푹 박혀서 어쩔 줄 몰랐던 순간들, 새참으로 주신 도토리묵…. 그런 기억들이 모여서 농촌에 대한 그리움으로 남아 있습니다.

    하지만 그 이후 세대 청년들에게 농촌에 대한 이미지는 막연하게 다가옵니다. 농촌에서 태어난 이들이 아니고서는 어지간해서 도시에서 자라기 때문입니다. 그렇기 때문에 농촌에 대한 많은 가능성을 보지 못하고 있는 것 같습니다.

그래서 젊은이들이 농업에 뛰어들면 처음부터 녹록지 않게 됩니다. 그래서 저는 그들에게 농사의 기본개념부터 익히라고 주문합니다. 그렇다면 농업인의 정의부터 알아야겠습니다. 시골에서 농사를 짓는다고 모두 농업인이 아닙니다. 정부의 지원이나 제도의 혜택을 보기 위해서는 농업인의 정의부터 알아야겠습니다. 「농업·농촌 및 식품산업기본법 제3조」에 보면 농업인의 정의가 나와 있습니다. '1천 제곱미터 이상의 농지를 경영하거나 경작하는 사람, 또는 농업경영을 통한 농산물의 연간 판매액이 120만 원 이상인 사람, 또는 1년 중 90일 이상 농업에 종사하는 사람을 말한다.' 이것이 법률에서 말하는 농업인입니다. 한 달에 한두 번 소일거리로 주말농장에서 작물을 가꾸는 사람은 농업인의 범주에 들지 못합니다. 작은 텃밭을 가꾸면서 가족끼리 소비하는 사람들도 농업인이라고 보기는 힘들겠네요.

꼭 농사를 직접 짓는 사람만이 농업인인 건 아닙니다. 영농조합법인, 농업회사법인의 농산물 출하, 유통, 가공, 수출활동에 1년 이상 지속적으로 고용된 사람도 법률상 농업인에 해당합니다.[*]

그렇다면 영농조합법인과 농업회사법인은 뭘 말하는 걸까요. 영농조합법인은 농업경영 및 부대사업, 농업과 관련된 공동이용 시설의 설치·운영, 농산물의 공동출하·가공·수출, 농작업 대행, 농어촌

----

[*] 각호에 해당하는지 여부는 「농업인확인서 발급규정」(농림축산식품부고시 제2015-134호) 제4조(농업인 확인 기준) 참고

관광휴양사업, 기타 영농조합법인의 목적 달성을 위해 정관에서 정하는 사업 등을 말합니다.* 농업회사법인은 농업경영, 농산물의 유통·가공·판매, 농작업 대행, 농어촌 관광휴양사업 이외에 부대사업으로 영농자재 생산·공급, 종묘생산 및 종균배양 사업, 농산물의 구매·비축사업, 농기계 장비의 임대·수리·보관, 소규모 관개시설의 수탁관리사업을 하는 법인이 해당합니다.**

  복잡한가요? 쉽게 설명하면 영농조합법인은 민법상 조합에 속하고, 농업회사법인은 상법상 회사에 속합니다. 영농조합법인은 농지를 소유할 수 있지만 농업회사법인이 농지를 소유하기 위해서는 업무집행사원(쉽게 말하면 주주 이사를 의미합니다)의 3분의 1 이상이 농업인이어야 한다는 규정이 있다는 점을 알아두시는 게 좋겠습니다.

  농사업 창업을 꿈꾸는 이들은 먼저 자신이 하고 싶은 사업이 어디에 해당하는지를 알아보고, 그 규정에 맞게 준비하는 과정이 이뤄져야 합니다. 자칫 모르고 덤벼들었다가 제대로 지원을 받지 못하거나 규정을 위반해서 애써 준비한 것들이 물거품이 될 수 있습니다. 돈보다 더 중요한 것은 여러분의 시간입니다. 굳이 하지 않아도 될 시행착오를 하게 될까 봐 늘 기본부터 시작하라고 저는 늘 강조합니다. 천천히, 개념부터 시작하십시오.

- -

* 농어업경영체 육성 및 지원에 관한 법률 제16조 및 시행령 제11조
** 농어업경영체 육성 및 지원에 관한 법률 제19조 및 시행령 제19조

시대 흐름 읽고
가능성을 찾아서

　인생의 반쪽을 잘 찾기 위해서 필요한 것은 운명을 기다리는 수동적인 자세가 아닙니다. 스스로 괜찮은 사람이 되어야 괜찮은 이성이 나에게 호감을 보이게 됩니다. 주변의 사람들에게 진심으로 대하고, 내 이상형이 있을지도 모를 모임에 나가보는 것도 도움이 됩니다.

　작물을 정하는 것도 일정 부분 운명이기도 합니다. 셀 수 없이 많은 작물 중에서 저에게 그런 운명의 작물은 바로 감초였습니다.

　맘에 드는 이성이 나타났을 때 정말 잘 맞는지 생각해봐야겠죠. 살벌한 전쟁 같은 결혼생활이 될지, 아니면 평생의 단짝이 될지 상상해보아야 합니다. 요새는 그런 걸 '썸'이라고 말하기도 한다지요. 마찬가지로 저는 한동안 감초와 썸을 탔습니다. 나랑 잘 맞을지, 앞으로도 괜찮을지, 나만의 착각이 아닌지 등등 여러 가지로 탐색전을 펼쳤습니다. 내 인생의 향방을 결정지을 중요한 선택인 만큼 진지하지 않을 수 없었습니다.

운명처럼 찾아온 '감초'

감초는 여러모로 팔방미인입니다. 감초는 대표적인 약용작물에 속합니다. 약용작물산업은 연평균 12%의 성장률을 보이고 있었습니다. 세계적으로 보완대체 의약시장의 규모는 2천억 달러 이상입니다. 우리나라 시장만 봐도 동양 전통의학(한약) 시장은 7조 4천억 원대에 달합니다.

지금은 백 세 시대라고 합니다. 백 세까지 살고 싶은 것이 아니라 실제로 우리 주변의 많은 어르신들이 지금은 구십 대에도 정정하십니다. 표준국어대사전에 '중년'이라는 단어를 찾아보면 '마흔 살 안팎의 나이. 청년과 노년의 중간을 이르며 때로 오십 대까지 포함하는 경우도 있다.'라고 되어 있습니다. 육십 대부터는 노인이란 의미죠. 하지만 의학 기술과 영양의 개선 등으로 지금은 빠르게 달라지고 있습니다. 2015년 유엔은 연령 기준을 새롭게 제시해 화제가 되기도 했습니다. 18~65세를 청년, 66~79세를 중년, 80~99세를 노년, 100세 이상은 장수노인으로 분류했습니다.

하지만 아프면서 오래 산다는 것은 누구도 반갑지 않을 것입니다. 우리의 관심사는 이제 오래 사는 것에서 만족하지 않고 어떻게 하면 건강하게 살 수 있을까로 바뀌고 있습니다. 자연스럽게 건강식품, 특히 인위적인 약이 아니라 우리 선조부터 내려오는 약용작물에 대한 관심으로 이어지고 있습니다. 감초는 건강(식품) 분야뿐 아니라 미용 분야에서도 가능성이 무궁무진하다는 점을 알게 됐습니다. 시대의 흐름과도 딱 맞아떨어지는 사업 분야였던 거죠. 저는 유레카를 외쳤습니다.

"약방의 감초? 생활의 감초로 만들 거야!"

자, 외모도 성격도 모두 맘에 꼭 맞는 상대를 만났다면 우리는 결혼이라는 결실을 맺고 싶어 합니다. 이때 주변의 응원과 서포트가 있으면 결혼은 일사천리로 진행이 됩니다. 막장 드라마에서 나오는 것처럼 부잣집 부모님이 돈 봉투를 가지고 와서 헤어져달라고 하면 영 난감해집니다. 주변의 축복 속에서 새 출발을 해야지 비로소 해피엔딩인데 말이지요.

농사업에 뛰어들려고 했을 때 이런 서포트가 있으면 성능 좋은 모터를 달고 경주를 시작하는 기분이 듭니다. 감초사업이 그랬습니다. 사업의 크고 작은 고비가 있을 때마다 여러 면에서 정책을 활용할 수 있었습니다. 정부의 정책 취지에 부합하는 작물이었기 때문이죠.

몇 가지만 예를 들어볼까요. 설탕으로 인한 비만이 사회적 문제가 되고 있다는 얘기는 어제오늘 일이 아닙니다. 정부는 당류 저감 종합대책을 발표하고 대체 가공식품의 필요성을 강조했습니다. 식품의약품안전처는 당류를 과잉 섭취하는 것은 국민 건강을 위협하고 과도한 사회비용을 야기한다고 봤습니다. 감초의 당은 설탕 당의 50배에서 최대 200배가 높습니다. 그런데 다당류로서 인체 흡수가 적어서 설탕과 달리 건강에 해롭지 않습니다.

또 있습니다. 농림축산식품부는 비슷한 시기에 특용작물산업 발전 종합대책을 발표했습니다. 국산 한약재로 농가소득을 끌어올리겠다는 계획을 수립했습니다. 한약재 생산을 늘리고 관련 농가를 지원해서 생산을 늘리고, 소비도 촉진하겠다는 내용이었습니다. 케이팝, 케이무비 등 케이열풍이 불고 있는데, 한약재에서도 한국발 바람, 한약재 사업(K-herbal Medicine)을 일으키겠다는 것이었습니다. 사업을 시작하려는 저로서는 더없이 도움이 되는 사업들이었습니다. 양가의 축복 속에서 결혼을 추진하고 있는 기분이랄까요. 아, 물론 아무리 핑크빛 사랑으로 시작해도 결혼생활은 파란만장할 수밖에 없듯이, 저의 사업에 예기치 못했던 위기는 있었습니다. 세상에 쉬운 일은 없으니까요. 어찌 됐든 이런 도움들은 위기를 헤쳐나가는 데에, 그리고 사업을 뛰어드는 데에 큰 힘이 되었다는 것은 자명한 사실입니다. 여러분도 사업을 시작할 때 이런 정부의 정책들을 살펴보면 산업의 객관적인 미래 전망에 대해서도 알 수 있어서 일거양득을 거둘 수 있습니다.

실제 사례를 들어보겠습니다. 산림청에서 공모한 임업후계자, 산림작물생산단지 조성사업입니다.

매년 4월부터 6월 사이 산림청에서는 산림소득사업 공모가 있습니다. 산림소득사업이라 하여 많은 사람들이 산에서만 하는 사업일 거라 생각하는데, 산이 아니어도 사업신청을 할 수 있습니다. 2021년 예산규모를 보면 총사업비 435억 원으로 산림작물생산단지에 300억 원, 산림복합경영단지에 135억 원을 지원할 계획입니다. 그해에 사업신청을 받아서 그다음 해 사업을 추진하게 되니 잘 계획을 세워서 준비를 해야 합니다. 지원 대상 종류와 세부 품목은 책 말미에 「부록5 - 2021년도 산림소득사업(임산물 생산단지 규모화) 공모 공고문」으로 따로 정리했으니 한번 확인해보세요. 제가 준비하던 사업은 약초류 18개 품목 중에 해당이 됐습니다. 이렇게 지원 대상이 되는 품목을 재배하면 정부지원을 받을 수 있습니다.

농업을 하겠다는 사람들은 흔히 평지의 논밭에서 하는 일을 생각하곤 합니다. 저도 그랬습니다. 하지만 가능성이 큰데도 우리가 쉽게 놓치기 쉬운 사업이 바로 임업입니다. 농사업 중에서도 블루오션인 셈이지요.

산림청에서는 산림소득사업이 규모화, 현대화를 통해서 효율적으로 임업 경영을 하게 하고 산림소득증대를 위해 정책을 펼치고 있습니다. 임업에서 어떤 작물을 기르는지 잘 모르기도 합니다. 산림청 지원 대상 작물은 크게 수실류(밤, 감, 잣, 호두, 대추, 은행, 산딸기 등), 버섯류, 산나물류(더덕, 고사리, 도라지, 취나물 등), 관상산림식물류(야생화, 자생란, 조경수 등), 약초류 등이 있습니다. 이렇게 자신의 작물이 어떤 지원 사업에 해당이 되는지 아는 것도 중요합니다. 임업후계자*가 자격이 되면 당연히 신청하는 것이 백번 이득이겠지요.

----

* 임업후계자 자격은 55세 미만인 자로서 산림경영계획에 따라 임업을 경영하거나 경영하려는 자(개인독립가 - 개인 소유 산림을 경영하는 자 - 의 자녀, 3ha(헥타르) 이상의 산림을 소유하고 있는 자 등)의 기준에 따라 정하고 있다. 나이 기준 없이 품목별 재배규모 기준 이상에서 임산물을 생산하고 있는 자도 해당이 될 수 있으므로 산림청 홈페이지에서 먼저 요건을 꼼꼼하게 확인하는 것이 좋다.

부자농부의 꿀팁

마땅한 아이템을 찾지 못했다면, 임업을 공부해보자.
잠재적 가능성이 있는 아이템을 찾을 수 있다!

창업의 첫 걸음

가장 먼저 정해야 할 것,
아이템 vs 자본

사업이 본궤도에 오르고 감초사업이 성공 사례로 입소문을 타면서 언론의 주목을 받았습니다. 농림축산식품부와 농업 관련 공공기관, 단체에서 강의 요청이 많이 들어오기 시작했습니다. 젊은 농부가 지역의 일자리를 창출하고 농촌융복합산업의 길을 성공적으로 걸어가고 있다는 점에서 현장의 노하우를 알려달라는 자리였습니다. 강의 장소에 가면 눈이 반짝반짝거리는 젊은 예비창업자들이 앉아 있습니다. 농촌에 길이 있다는 이야기를 하면 정말일까 하는 기대감과 함께 실패하면 어떡하지 하는 두려운 마음도 보입니다. 저는 귀농을 해 사업을 해보려는 이들의 앞에 서서 강의의 앞머리에 항상 이 질문부터 던집니다.

"작물부터 정해야 할까요? 땅부터 정해야 할까요?"

예비창업자들은 순간 고민에 빠집니다. 저는 생각할 시간을 주고 둘 중 하나를 골라 손을 들어보라고 합니다. 고민을 마친 대부분은 땅부터 정해야 한다는 데에 손을 듭니다. 왜냐고 그 이유를 물어보면 대부분 이렇게 대답합니다.

수강생 1 : "어디서 살지가 중요할 것 같아요. 서울이랑 너무 멀어도 좀 그렇지 않을까요?"
수강생 2 : "저는 바다를 좋아해서요. 기왕이면 바닷가 쪽 가까이 살아야 만족도가 높을 것 같아요."
수강생 3 : "연고가 있는 농촌에서 시작하면 아무래도 도움을 좀 받을 수 있을 것 같아요."

의욕적인 한두 명이 먼저 말하자 잇따라 강의장 여기저기서 다양한 이유들이 쏟아집니다. 저는 이들을 둘러보고 나서 단호하게 말합니다.

"틀렸습니다. 작물부터 정해야 합니다."

땅부터 정해놓으면 실패 확률이 높아집니다. 조금만 생각해보면 답이 나옵니다. 어떤 분들은 강원도에서 복분자를 하겠다고 합니다. 복분자를 하겠다고 정하면 갈 곳이 몇 군데로 추려집니다. 대표적으로 전북 고창이 있겠죠. 토양과 기후에다 정책적 지원까지 구비가 되어 있는 그 지역이 아니라 전혀 다른 곳에서 복분자를 짓는다고 생각해보세요. 한 해가 지나기도 전에 깨닫게 될 겁니다. 첫 단추부터 잘못 끼워졌다는 것을요.

반대로 가장 먼저 땅을 정해놓고 시작하면 거기서 경쟁력이 있는 작물이 몇 가지로 추려질 수 있습니다. 선택지가 좁혀집니다. 이미 성공 가능성이 어느 정도 검증이 된 것들이지요. 그만큼 땅의 성질이나 기후 등의 문제로 실패할 가능성은 크게 낮아지는 것이지요. 반드시 성공한다고 볼 수는 없더라도 거의 실패할 게 뻔한 길은 가지 말아야겠죠.

저에게 감초를 재배할 적합한 곳은 전라북도 익산이었습니다. 익산 지역은 감초사업을 하기 위한 토양조건이 적합한 땅이었습니다. 감초 농사에 적합한 땅은 일단 지하수위가 낮아서 건조하고 토심이 깊은 마사토(혹은 사양토)가 적당했습니다. 알칼리성 토양이 작물 생장에 더 유리했습니다. 내한성이 강해서 우리나라 남쪽에서부터 중북부 지역까지 재배가 가능했습니다.

내가 키우는 작물의 홍보대사라고 생각해야 합니다.
감초 작물을 소개하는 곳이라면 어디든 마다하지 않습니다.

NBS한국농업방송 「역전의 부자농부」,
KBS 「6시 내고향」 프로그램 출연

감초 효능을 소개하는 언론 기사들* **

|『동의보감』에 나온 감초 |

감초는 성질이 평(平)하고, 맛은 달며, 독이 없고, 온갖 약독을 푼
다고 나와 있을 뿐 아니라, 구토의 정(精)이니 72종의 광물성 약재와

---

*   김제경, [암극복 식물①] 감초 "전립선암과 유방암 예방", 아시아엔, 2020.10.04, http://kor.
theasian.asia/archives/275038
** 이벌찬, 베이징대 연구진 "약방의 감초가 코로나 치료제 될 수 있다", 조선일보, 2020.05.06,
https://www.chosun.com/site/data/html_dir/2020/05/06/2020050602926.html?utm_
source=naver&utm_medium=original&utm_campaign=news

1,200종의 식물성 약재를 조화시킨다고 한다. 『동의보감』 탕액 편을 보면, "감초는 성질은 평(平)하고 맛이 달며(甘) 독이 없다. 모든 약의 독을 없애주고, 모든 약을 조화시키는 효과가 있어 국로(國老)라고 칭한다. 감초는 오장육부에 한열(寒熱)과 사기(邪氣)가 있는 데 쓰며, 모든 혈맥을 잘 돌게 한다. 또한 힘줄과 뼈를 든든하게 하고 살찌게 한다."고 기록돼 있다.

| 언론에 소개된 감초의 놀라운 효능 |

소화기능 개선과 관련해서 궤양이 있는 동물에게 감초 달인 물을 한 달간 복용하게 한 후 궤양 억제 작용이 나타났다는 연구 결과도 있다. 특히 감초 특유의 노란색을 나타내는 플라보노이드 성분은 전립선암과 유방암 예방효과가 있는 것으로 알려지면서 더욱 그 진가를 높여가고 있다.[*]

감초는 수입산이 국산보다 월등히 많이 판매되고 있지만 국산 감초는 수입 감초보다 식품으로서의 안정성이 더 높다. …중략… 외국산 감초는 최소 0%에서 최대 12.4%까지 함량의 변이 폭이 커 약

----

[*] 이경택, 감초, 배앓이·속쓰림에도 '약방의 감초', 문화일보, 2012.11.14, http://www.munhwa.com/news/view.html?no=2012111401033343011006

리 성분의 균일성이 떨어지는 것이 확인됐다. 반면 2년생만 수확하는 국산 감초는 글리시리진 함량은 0.2~2.0%로 다소 떨어지지만 변이 폭이 작아 약리 성분의 균일성은 더 높은 것으로 확인됐다.[*]

중국 전통의학에서 흔히 쓰이는 약재인 감초가 신종 코로나바이러스 감염증(코로나19) 치료제로 쓰일 가능성이 있다는 연구 결과가 제시됐다. …중략… 중국 베이징대학 군사과학원 공동연구팀 논문에 따르면 연구팀이 감초에서 추출한 '리쿼리틴(Liquiritin)'이라는 물질을 원숭이 세포를 이용해 실험한 결과 이 물질이 코로나19 바이러스의 복제를 억제한다는 사실을 발견했다.[**]

---

[*] 성낙중, 감초, 한약재의 조화를 이뤄내는 토종 약초, 농업인신문, 2020.08.21, http://www.
    nongupin.co.kr/news/articleView.html?idxno=91052

[**] 안승섭, 중국 과학자들 "감초, 코로나19 치료제 가능성 있어", 연합뉴스, 2020.05.06, https://
    www.yna.co.kr/view/AKR20200506074600074?input=1195m

부자농부의 꿀팁

모든 일에는 순서가 있다.
땅부터 정하지 말고, 작물부터 정하자!

기존 재배법을 뒤집어라, 무기가 되는 특허

자, 여러분은 재배할 작물과 재배 지역이 결정됐습니다. 여러분은 그저 땅을 소일거리로 일구거나 대대로 배운 대로 농사를 짓기 위한 사람들이 아닙니다. 농업에서 미래를 찾고 더 큰 이윤과 미래 가치를 발굴하기 위한 큰 목표를 가진 일생일대의 방향 전환을 한 사람들입니다.

그렇다면 기존의 방법을 그대로 답습하는 데에서 그치면 안 되겠죠. 경쟁력을 찾기 위해서는 남과 다른 신무기, 즉 '차별점'을 찾아야 합니다. 농사업을 하는 사람에게 차별점은 바로 재배법입니다.

저의 사업 아이템인 감초를 예로 들어보겠습니다. 기존 감초 농사는 감초 묘목을 이식하는 '파종법'이었습니다. 수확 철이 되면 포클레인이 동원됐습니다. 수확하는 게 보통 일이 아니었습니다.

병해충도 달달한 감초를 좋아했습니다. 마치 벌레가 가장 달콤한 과일을 귀신같이 알아서 파먹는 것처럼요. 그렇게 병해충 공격을 받으면 어쩔 수 없이 농약을 사용해야 하고, 수확량이 줄어듭니다. 수확시기도 들쭉날쭉해질 수밖에 없습니다. 감초재배가 어렵고 수익성을 떨어뜨리는 이유가 됐습니다.

저는 깊은 고민에 빠졌습니다. 전국 각지의 여러 농가를 돌면서, 그리고 직접 감초를 재배하면서 어떻게 하면 일정 수준 이상을 유지하면서 고품질의 감초를 생산할 수 있을지가 관건이었습니다. 소규모 농가에서는 그해 농사를 망쳤다고 하면 그만이지만 대량생산을 목표로 두고 있는 저에게 그것은 매우 중요한 문제였습니다. 사업 초기에 기로에 설 정도로요.

2015년에 제주도로 가서 감초재배 화분 연구를 본격적으로 시작했습니다. 감초가 좋다는 얘기는 많았지만, 감초 화분 재배에 관련된 국내 문헌이나 자료가 거의 없다시피 했습니다. 맨땅에 머리박는 기분으로 저는 감초 시험재배에 돌입했습니다. 제가 다른 곳이 아니라 제주도로 간 데에는 이유가 있었습니다. 제주도는 화산토라 토양의 물 빠짐이 좋아서 감초재배에 유리하다고 판단했기 때문입니다.

　그곳에서 저는 실패와 시행착오, 작은 깨달음, 다시 도전을 거치면서 수 없는 실험을 거듭한 결과 저는 감초재배를 할 수 있는 화분을 개발했습니다. 겉으로 봐서는 단순합니다. 거름과 흙을 넣은 60cm의 원통형 화분입니다. 이 화분에 감초를 심고 2년이 지나면 수확하게 됩니다. 이 화분에 감초를 심어 기르면 노지에서 키우는 것에 비해 열 배 이상의 수확을 거둘 수 있었습니다.

　시험재배 2년 차, 감초 한 그루를 재배 화분에서 뽑아서 살펴봤습니다. 칡뿌리처럼 무게가 상당했습니다. 노지에서 재배할 때는 불과 10cm 깊이에서 옆으로 퍼져나가기만 했습니다. 하지만 화분에다 심었더니 원통 화분 밑바닥까지 뿌리가 아래로 아래로 곧게 뿌리를 내렸습니다.

　이렇게 시작한 재배법에서 그치지 않고 재배를 거듭하면서 끊임없이 개선을 이어갔습니다. 다음 수정사항은 수확을 쉽게 바꾸는 것이었습니다. 그렇게 하기 위해서는 화분을 쉽게 열어야 했습니다. 감초를 수확하려면 재배 화분을 하나하나 열어야 했습니다. 당연히 많은 노동력이 투입됐습니다. 하지만 화분을 갈라지게 하면 그럴 필요가 없어서 노동력이 절반 아래로 떨어졌습니다. 이렇게 재배법이 발전할수록 저는 더욱더 제 사업에 대한 확신을 갖게 됐습니다.

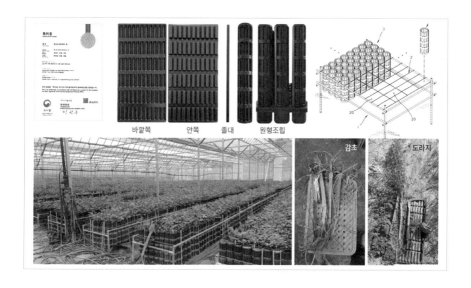

바깥쪽　　　안쪽　　졸대　　원형조립

감초

도라지

　　저는 2개의 특허와 디자인 등록, 상표 등록을 가지고 있습니다.
특허는 2018년에 감초 조청 제조방법 및 이를 이용한 가공식품에
관한 것입니다. 2019년에는 곧은 뿌리 작물 재배장치 및 이를 이용
한 재배방법입니다. 특히 두 번째 재배장치 화분의 특허를 내면서
이것은 감초뿐 아니라 비슷한 작물들, 백수오나 황기, 도라지 같은
작물들을 이 화분에 심어서 재배하면 되어서 화분 판매로 회사 수익
이 급속하게 늘어났습니다. 원래 하던 방식대로 더덕을 노지에서 2
년 동안 애써서 재배해도 저희 회사가 만든 화분에 넣어서 재배하면
6개월이면 훨씬 더 곧고 크게 자라납니다. 농민들은 와서 고맙다고

인사를 하고 갔습니다. 그런 인사를 받을 때마다 저는 말했습니다.

"제가 더 고맙습니다."

이 재배 화분 기술은 제 사업의 큰 축이 됐습니다. 이 재배법을 개발하고 나서는 순풍에 돛 단 듯 사업이 확장됐습니다. 관련 특허를 모두 취득했습니다. 앞으로 여러분이 개발한 농사업 관련 기술들은 처음엔 별 게 아닌 것 같아도 나중에 아주 큰 성과를 가져다주는 소중한 특허가 될 수 있습니다. 특허는 기술 특허부터 디자인 특허까지 다양하게 있어서 남들이 여러분의 기술을 손쉽게 빼낼 수 없도록 장치를 꼼꼼히 챙겨야 합니다. 여러분도 일단 농사업에 뛰어들면 반드시 재배법과 특허에 대한 관심을 반드시 가져야 합니다.

저의 재배 고민과 노하우가 응축돼 있는 곳이 바로 '스마트팜*'입니다. 이곳 농장에서는 온도, 습도, 환기 조절은 스마트폰 앱으로 관리할 수 있습니다. 제가 꼭 농장에 있지 않아도 자동으로 조절할 수 있는 것이지요. 저는 앱으로 농장 CCTV를 확인하고 현지의 날

----

* 스마트팜 : Smart Farm. 농림축수산물의 생산, 가공, 유통 단계에서 정보통신기술을 접목하여 지능화된 농업 시스템. 사물 인터넷, 빅데이터, 인공지능 등의 기술을 이용하여 농작물, 가축 및 수산물 등의 생육 환경을 적정하게 유지관리하고 PC와 스마트폰 등으로 원격에서 자동관리할 수 있어, 생산의 효율성뿐만 아니라 편리성도 높일 수 있다. 응용 분야에 따라 스마트 농장, 스마트 온실, 스마트 축사, 스마트 양식장 등의 이름으로 사용되고 있다. (한국정보통신기술협회 『정보통신용어사전』 참조)

씨 상황에 따라서 서울에서도 익산 농장을 컨트롤하기도 합니다.

감초는 기후가 16도 이상일 때 파종하는데 재배 중에는 냉난방 조절을 따로 하지 않아도 됩니다. 한겨울이 아니고서는 늘 측창을 열어놓습니다. 10톤짜리 물탱크를 옆에 설치해두고 아침 일찍 30분 정도 스프링클러로 자동으로 물을 줍니다. 온도에는 민감한 편이 아닙니다. 감초는 온도관리보다 수분에 더 까다로운 작물입니다. 특히 장마철에는 수분이 높지 않도록 조심해야 합니다.

스마트폰 앱 하나로 컨트롤이 되는 〈스마트팜〉

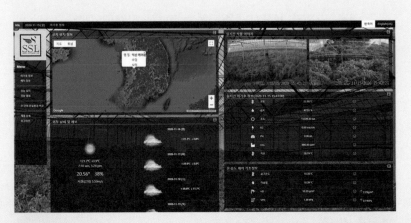

특허기술로 재배되고 있는 감초

부자농부의 꿀팁

남들처럼만 하면 경쟁력이 없다.
농사업을 하는 사람에게 재배법 개발은 강력한 무기!

새로운 유통을
뚫어야 성공한다

농사업에 처음 뛰어들 때 대부분 하는 실수가 있습니다. 모든 걸 다 직접 해야 한다는 생각입니다. 그건 작은 가게를 할 때는 통용되겠지만, 사업가의 마인드는 아닙니다. 제품을 생산할 때 모든 것을 직접 만들려고 하는 건 아주 어리석은 판단입니다. OEM(주문자상표부착방식)과 ODM(제조자개발생산방식)이 우리나라는 잘 발전해 있습니다. 회사가 일정 규모 이상으로 커지기 전까지는 어지간해서는 공장 시설을 짓고 일 년 내내 돌릴 만한 판로가 확보되지 않으면 앉아서 돈을 까먹는 것입니다.

판로를 뚫고 유통을 하는 방법에는 여러 가지가 있습니다. 간단하게 생각해서 여러분이 농산물을 구매하는 방법을 생각해보면 됩니다. 대형마트나 시장에서 사는 것 말고 요새는 네이버나 카카오 같은 곳에서 청년농부들을 위한 여러 가지 판로를 만들고 있습니다.

그런 곳에서는 상품을 대량으로 팔지 않아도 됩니다. 생산할 수 있는 만큼만 판매하면서 여러분의 상품에 대한 소비자들의 반응을 즉각적으로 알 수 있습니다. 어떻게 하면 소비자들이 더 관심을 보일지, 어떤 제품이 후기가 좋은지를 알 수 있습니다. 소품종이지만 구성을 새롭게 해서 선물 등으로 팔아보는 것도 좋은 리트머스 시험지가 될 수 있습니다.

대표적으로 소개할 것은 '스마트 스토어'입니다. 포털사이트 네이버에서 제공하는 이커머스* 플랫폼**입니다. 개인 판매자들이 스마트 스토어에 상품을 등록하면 네이버가 그 상품을 포털사이트에 노출해주고 중개 수수료를 받습니다. 기존의 다른 오픈 마켓보다 중개 수수료가 낮고, 상품 등록이 간편하다는 장점이 있습니다. 또 고객을 관리할 수 있는 마케팅 툴이 있어서 초보 판매자들에게는 편리합니다. 여러분이 팔 물건만 있으면 얼마든지 소비자를 만

---

* 이커머스(e커머스)는 전자상거래(Electronic Commerce)의 약자로 온라인 네트워크를 통해 상품과 서비스를 사고파는 것을 말한다. 스마트폰이 널리 보급되면서 모바일 쇼핑 비중이 급증하고 있다. (「매경시사용어사전」 참고)
** 플랫폼(Platform)의 사전적 의미는 승강장이지만, 경제 용어에서는 개인, 기업 할 것 없이 모두가 참여해 원하는 일을 자유롭게 할 수 있도록 환경을 구축하는 형태의 서비스 시스템을 뜻한다. 네이버, 카카오택시, 배달의 민족 등이 대표적인 플랫폼 사업이다.

날 수 있단 거죠.

이익을 남기는 것은 작은 아이디어에서부터 출발해야 합니다. 젊은 여러분이 가진 아이디어가 가장 큰 무기입니다.

대형마트는 스토리텔링 상품을 확대하고 있습니다. 이제는 농부의 활짝 웃는 사진이 인쇄돼 있는 포장 용기를 마트 과일 채소 코너에서 쉽게 찾아볼 수 있습니다. '30년 경력 배 농사 장인 ○○○ 부부가 정성껏 키운 배' '해풍을 맞으며 천천히 자라 당도가 높은 배'처럼 하는 식이지요. 이렇게 산지, 생산자 등의 스토리를 담아서 판매를 하면 판매율도 더 높다고 합니다.

그것을 홍보할 수 있는 다양한 채널이 생긴 것도 지금의 농사업에게 주어진 큰 기회입니다. 자본금이 적게 시작할수록 농업에 스토리를 입혀야 합니다. 인스타그램, 페이스북 같은 SNS와 네이버블로그, 카카오톡으로 과일과 채소를 판매할 수도 있습니다. 일종의 직거래가 됩니다.

아이디어도 그만큼 중요해졌습니다. 예를 들어서 신선 농산물을 중요하게 생각하는 소비자의 변화에 발맞춰서 이뤄지고 있는 다양한 시도들을 주목해야 합니다.

2015년 당시 박용만 두산그룹 회장의 장남인 박서원 오리콘 부

사장은 태풍 등 자연재해로 가지에서 떨어지거나 상처가 나서 상품 가치를 인정받지 못하는 과일들로 잼을 만들어서 큰 화제가 되기도 했습니다.

2017년 샌프란시스코 소재 '임퍼펙트 프로듀스(Imperfect Produce)' 회사는 '못생긴' 과일 채소를 저렴한 가격에 농장에서 직배송하는 서비스를 시작해 인기를 끌었습니다. 모양이 이상해 상품성은 떨어지지만, 맛이나 신선도는 떨어지지 않는 채소와 과일을 일반 마트에서보다 30~50% 저렴하게 판매하는 것이죠. 합리적인 소비자들에게는 저렴한 가격에 신선한 과일 채소를 먹을 수 있게 하는 장점이 있고, 생산자들에게는 새로운 시장이 열리는 셈입니다.

또 스타벅스에 '행운의 상징' 네잎클로버를 납품해 화제가 된 농부도 있었습니다. 2018년 농업회사법인 푸드클로버 홍인헌 대표는 네잎클로버를 국내 최초 식용으로 개발하여 대량생산해서 다른 작물보다 더 큰 수확을 거둔 것으로 알려져 있습니다. 창의성을 무기로 내세워서 성공한 케이스지요. 이런 사례에서도 배울 점이 많습니다.

하지만 요새는 그 중요성을 강조하는 게 지나쳐서 역으로 포장과 스토리만 치중한 나머지 본질은 뒷전인 경우도 많습니다. 반짝인기를 끌지는 몰라도 소비자들은 정말 냉정합니다. 한번 호기심으로 샀다가 여러 번 구매하고 나서 보니 품질이 예전만 못하다거나 가격에 비해 만족도가 떨어지면 절대로 재구매하지 않습니다. 그렇게 한번 돌아간 고객은 돌아오지 않습니다. 새 고객을 끌어들이는 것보다 열 배는 어려운 일입니다.

매독환주(買櫝還珠)란 고사성어가 있습니다. 옥을 포장하기 위해 만든 나무상자만 가지고 그 안에 들어 있는 옥은 돌려준다는 뜻으로, 꾸밈에만 현혹돼서 정말로 중요한 것은 잃어버리는 상황을 빗댄 말입니다. 그럴듯하게 제품에 스토리를 만들고, 포장을 이쁘게 하고, 그럴듯한 광고 카피를 만들어서 잠깐 판매가 올라갈 수 있습니다. 하지만 오래 가지 않습니다. 여러분은 매독환주의 오류를 범하지 않으시길 바랍니다.

부자농부의 꿀팁

기본에 충실한 다음
내 브랜드 스토리를 알릴 판로부터 두드려보자!

작물재배, 성공과 실패

농업을 하면 망하고 농사업을 하면 흥한다

저는 저 자신을 기업 대표로 소개하지 않고 '대표농부'라고 소개합니다. 명함에도 대표농부라고 적혀 있습니다. 그러면 처음 만나는 상대방은 조금 당황합니다.

"대표님 아니신가요? 농부라고요?"

그럼 저는 대표농부이고, 저희 열두 명의 직원들도 역시 사원, 대리가 아니라 농부라고 소개합니다. 굳이 농부란 직함이 익숙하지 않다고 하면 '농업현장교수'라는 직함도 있습니다. 현장교수라는 타

이들은 현장성을 갖추고 사업을 선도적으로 하고 있는 농업인들에게 부여되는 아주 명예로운 직함입니다.

농부란 말을 강조하는 것은 농사업을 하는 사람이지만 농업이 근본에 있다는 것을 강조하고 싶어서 하는 말입니다. 감초라는 작물을 재배하는 농업을 근간으로 하고 다각도로 제품화를 하는 사업가입니다. 저는 귀농귀촌이나 농업을 해보고 싶어 하는 사람이 있다면 늘 하는 말이 있습니다.

"농업을 하러 내려오면 망합니다. 고생만 하고 남의 배만 불려줍니다. 농사업을 하세요. 농사업을 하면 성공할 수 있습니다."

농업과 농사업의 자세는 근본적으로 다릅니다. 농업은 재배하고 나서 유통업체나 도매에 팔면 끝입니다. 더 고민할 필요가 없습니다. 수확을 많이 하고 제값에 팔면 그만입니다. 큰 고민이 없어서 좋을 수 있지만 분명한 한계가 있습니다. 기존대로만 하면 성공할 수 없습니다. 농사업은 부가가치를 얼마나 창출하는지에 따라서 몇 배혹은 몇십 배의 수익도 낼 수 있습니다.

역시 감초로 예를 들겠습니다. 감초를 생산하면 한약방과 거래하는 도매업체나 대형마트에 팔게 되겠죠. 하지만 저는 그곳에 파는 양은 일부일 뿐입니다. 대부분은 제가 개발한 제품에 들어갑니다. 그중의 하나는 감초차입니다. 감초가 사용된 양으로만 따지면 감초를 가공하지 않고 그냥 팔 때보다 열 배 이상의 수익을 냅니다. 농업을 하면 유통 라인을 쥔 곳이 '갑'입니다. 가격을 정하는 것도 그쪽입니다. 하지만 농업과 연계되는 농사업까지 하면 여러분이 주도권을 쥘 수 있습니다. 제가 농업을 하면 망하고 농사업을 하면 흥한다고 강조하는 이유입니다.

작물을 어떻게 상품화시킬 수 있을지를 고민하시길 바랍니다. 젊은 여러분이 잘할 수 있는 길이기도 합니다. 여러분은 시장에서 주요 소비자로서 위치가 있기 때문에 여러분의 아이디어와 감을 믿고 제품 개발에 힘쓰시길 바랍니다.

농사업의 방향 1
– 체험사업

저는 단순히 상품을 생산하는 것이 농사업의 전부라고 생각하지 않습니다. 생산만큼 중요한 비중을 차지하는 것이 바로 '사회적 농업'입니다. 사회적 농업은 사회적 약자들이 농업에 참여하도록 하고 자립을 도와주는 돌봄의 기능을 강조하는 말입니다. 일종의 사회 복지 개념이 농업에 적용돼서 공공부문의 지원이 활발하게 이뤄지고 있습니다. 사회적 농업은 단순히 이익만 추구하지 않고 주변 지역사회와 도농 간의 교류, 농업에 대한 이미지를 올리기 위한 모든 활동에 의미를 두고 관련 사업을 진행하고 있습니다. 익산시는 '여성이 행복한 일터 여성친화일촌기업' 인증을 하고 있습니다. 여성 친화적인 일터를 조성하고 고용을 유지한다는 저희 회사의 노력을 익산여성새로일하기센터가 인정해 여성친화기업으로 인증받기도 했습니다.

저희 회사에 오면 다들 놀랍니다. 일반적인 농업기업의 풍경이 아니기 때문입니다. 일단 회사 건물과 그 주변으로 펼쳐진 감초 생산 부지가 쾌적하게 조성돼 있습니다. 저희 회사 케어팜 건물은 1층은 농업의 3차 산업을 직접 체험할 수 있는 농촌 체험장이 있고, 2층은 방문객들이 감초가 들어간 다양한 차와 음료를 마실 수 있는 카페가 있습니다. 그리고 건물 앞으로 감초를 재배하는 3,300㎡ 규모의 하우스 시설이 펼쳐져 있습니다. 누구든지 와서 풍경을 마음껏 즐길 수 있습니다.

감초 체험장은 감초를 원료로 만든 다양한 상품들을 직접 만들어볼 수 있게 마련한 공간입니다. 가족, 연인, 개인들이 이 체험장을 찾습니다. 도시의 바쁜 생활이 힘들었던 이들에게는 쉼을, 고된 마음을 가지고 온 이들에게는 힐링을, 상처를 받은 이들에게는 치유를 주는 공간입니다. 처음에는 이렇게 반응이 좋을지는 몰랐습니다. 감초 체험장은 우리 회사의 자랑입니다. 농림축산식품부로부터 청년창업농을 교육할 수 있는 귀농귀촌 현장실습교육장(WPL)으로 지정이 됐습니다.

어린 아들딸에게 농촌 체험 이벤트를 경험하게 해주고 싶어서 왔는데 갈 때는 학부모들이 더 재밌어해서 다시 방문하는 경우도 종종 있습니다. 정말 힐링을 하고 돌아간다는 말에 큰 보람을 느낍니다.

2층 카페도 '핫 플레이스'입니다. 전망으로 치면 어느 고급 펜션 못지않다고 자부해서 늘 사진을 가지고 다닙니다. 카페 이름 '달보드레'는 어떻게 지었냐고요? 처음 이름은 그냥 회사 이름을 딴 케어팜 카페였습니다. 저희 딸이 달보드레란 이름이 좋겠다고 아이디어를 냈습니다. 젊은 층들이 내는 참신한 아이디어와 의견은 적극적으로 반영하려고 하는 편이며, 달보드레로 바뀐 뒤에 실제로 더 반응이 좋았습니다.

가장 인기 있는 메뉴는 '감초리카노'입니다. 이름부터 재밌지요? 감초와 아메리카노를 합쳐서 만든 커피입니다. 감초의 달콤함과 커피의 씁쓸한 맛이 어울려서 풍부한 맛을 냅니다. 어르신들도, 젊은 이들도 모두를 사로잡는 맛이지요. 젊은 층은 신기하다는 반응이 많고, 어르신들은 예전에 먹었던 그 깊은 단맛을 떠올리게 한다고 말씀해주십니다.

이곳은 자연스럽게 차를 마시면서 감초와 관련된 제품들도 구매할 수 있습니다. 왠지 카페에 저보다 더 자주 다니는 딸이 한 번 더 훈수를 놓았습니다. 감초 쿠키를 만들어 팔라는 것입니다. 맛있는 디저트가 있는 카페는 절대 안 망한다나요. 감초 쿠키를 만들고 베이커리까지 확대했습니다. 처음엔 휴게 공간처럼 생각되던 곳이 점점 여러 사람의 아이디어와 노력이 더해지면서 지금은 감초에 대한 모든 것을 체험해볼 수 있게 확대됐습니다. 나중에는 감초 박물관처럼 바뀔 수도 있지 않을까요?

회사 건물 2층에 있는 감초 카페 〈달보드레〉

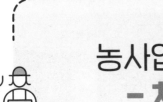

농사업의 방향 2
- 치유농업

이제는 '힐링(Healing)'이란 단어가 아주 익숙해졌습니다. 원래는 건강을 잘 유지하고 삶의 질을 높이자는 '웰빙(Well-being)'이 주를 이뤘습니다. 그러다가 2010년 이후 들어서 힐링 열풍이 불었습니다. 몸과 마음이 지친 사람들이 힐링(치유)이 필요했던 것이지요. 그런 면에서 사람들이 찾은 곳이 자연, 즉 우리 주변의 농촌이었습니다. 농업은 신체 활동을 하는 점에서 몸을 직접 움직이는 것 자체로 큰 힐링이 됩니다. 또 생명을 돌보는 일을 체험해보면서 우리의 자존감도 올라간다고 합니다. 생명을 존중하게 되고, 나의 힘으로 가꾸어나가면서 심리적인 치유를 받습니다.

외국에서는 이미 치유농장이 자리 잡았습니다. 이탈리아 중부 지역 투스카니에 있는 치유농장은 농장주들이 자발적으로 계획을 세워서 치유농장을 만들었는데 가족 간의 불화나 갈등, 부재, 경제적 문제 등을 겪고 있는 소외 집단을 대상으로 하고 있습니다. 이탈리아는 이런 치유농업이 잘 발달돼 있는데 감옥에 수감 중인 수형자들이 농장을 가꾸면서 와인을 만드는 일에도 참여하고 있습니다. 벨기에의 한 낙농 농가는 정신적, 신체적 장애가 있는 이들을 대상으로 영농활동에 참여하게 하여 이들의 치유를 실질적으로 돕고 있습니다.[*]

이런 실제 농장 사례들을 보니 좀 감이 오시나요? 치유농업의 정의부터 살펴보겠습니다. 치유농업은 농업·농촌자원이나 이와 관련된 활동을 이용하여 국민의 신체, 정서, 심리, 인지, 사회 등의 건강을 도모하는 활동과 산업을 의미합니다. 한마디로, 농사 자체가 목적이 아니라 힐링을 위한 수단으로써 농업을 활용한다는 뜻입니다.

하지만 모든 일에는 이상과 현실이 있지요. 무작정 치유농업에 뛰어든다고 모두 성공하는 것은 아닙니다. 제대로 운영이 되기 위해서는 자립할 수 있는 경쟁력이 있어야 하는 것은 당연한 일입니다.

----

[*] 농촌진흥청, 「국내외 주요 치유농장(Healing Farm) 사례」

제가 그리는 이상은 치유농업을 저의 농장에서 이루는 것입니다. 이미 선진국에서는 보편화된 개념입니다. 네덜란드와 벨기에를 비롯한 농업 분야 선진국에서는 치유농업(Care Farming), 사회적 농업(Social Farming), 녹색치유농업(Green Care Farming), 건강을 위한 농업(Farming For Health) 등의 다양한 용어로 표현되지만, 본질적으로 농업을 통한 '치유'를 제공하기 위한 치유농업에 대한 관심 및 투자가 커지고 있습니다. 국가 차원의 정책적 지원이 활성화되어 농산업의 주요한 분야로 자리 잡았습니다. 치유농장은 학교나 지역사회, 병원 등과 공식적으로 연결되어 지역 공동체에 새로운 치료자원을 제공해줍니다. 치유농장 참여자들의 정서적 안정감을 향상시키며 농장의 소득을 높이는 데 기여하고 있습니다.

국내에서도 치유농업은 트렌드입니다. 관광농업의 단계를 넘어서 국민들의 건강과 농업 체험을 연계하는 치유농업에 대한 관심이 커지고 있습니다. 지자체별로 치유농업에 대한 지원도 많습니다. 제가 있는 전라북도에서도 교육청과 연계해서 '스쿨팜'이라는 프로그램이 있습니다. 학생들이 작물의 성장 과정에 따라서 관찰 일지를 직접 작성하면서 키우게 합니다. 그렇게 정성 들여 재배를 한 농산물은 직접 요리까지 하면서 농업의 가치가 무엇인지를 알게 하는 것입니다. 단순한 농사 체험이 아니라, 생명의 소중함까지 깨닫고 갑니다.

투자를 위한 사업계획서 작성

청년귀농 교육 과정에는 사업계획서를 직접 한번 작성해보고 많은 사람들 앞에서 발표해보는 시간이 있습니다. 자신의 계획에 대해 구체적으로 그려보는 시간입니다. 막연하게 생각했던 것들을 막상 앞에서 말하려고 하면 조금 창피하기도 하고, 말문이 막히기도 합니다. 하지만 그 과정을 겪고 나면 수강생들은 뿌듯해합니다. 그리고 "꼭 그렇게 되도록 노력하겠다!"라는 생각을 품게 됩니다. 다음은 청년귀농 교육 과정에 참가한 한 교육생이 작성한 사례입니다.

운영계획
Operate

구 분		'21	'22	'23	'24	'25
감 초	물 량(kg)	-	-	2,000	2,000	2,000
판매액(천원)		-	-	14,000	14,000	14,000
유통방법		직거래, 위탁판매				
출하 및 판매처		감초유통사업단 식품, 음료, 화장품회사(cj, kt&g, 대형마트)				

구 분		'21	'22	'23	'24	'25
도라지	물 량(개)	-	2,000	4,000	4,000	4,000
판매액(천원)		-	8,000	16,000	16,000	16,000
유통방법		직거래, 온라인판매				
출하 및 판매처		담금주용(+도라지꽃청), 네이버스토어, 로컬마켓				

운영계획
Operate

구 분		'21	'22	'23	'24	'25
채 소	물 량(kg)	800	1,600	1,600	1,600	1,600
판매액(천원)		10,400	20,800	20,800	20,800	20,800
유통방법		직거래, 온라인판매				
출하 및 판매처		네이버스토어, 로컬마켓				

구 분		'21	'22	'23	'24	'25
미니텃밭	분양갯수	-	50	50	50	50
판매액(천원)		-	10,000	10,000	10,000	10,000
분양방법		직거래, 온라인 분양				
분양예상처		치매안심센터, 초등학교, 일반인				

어떻습니까? 여러분이 투자자라면 투자하시겠습니까? 동업자라면, 혹은 내 가족이 이 사업을 하겠다면요. 그렇기 위해서는 많은 데이터가 있어야겠지요. 다른 수강생의 아이템도 있습니다. 힐링 명상이나 스마트폰 중독에 대응하는 힐링 프로그램 등 다양한 아이디어가 쏟아져 나옵니다.

다음은 투자의 단계로 나아가야 합니다. 아이디어는 누구나 있기 때문입니다. 여기서부터는 다들 골치가 아파집니다. 하지만 투자 단계까지 생각하지 않으면 꿈은 꿈으로만 남아 있을 뿐입니다. 투자를 위해서는 정부지원 제도를 스스로 공부하지 않으면 안 되고, 자신의 아이디어가 정말 사업성이 있는지 전문가를 통해서 한번 검증을 받게 됩니다. 그래서 저는 투자계획도 꼭 세워보라고 합니다. 최대한 구체적으로요.

수강생이 직접 작성한 투자계획안

투자 계획
Invest

힐링공간 1천 1백 9십 1만원

인디언캠프		
품목	산출내역	가격(원)
티피텐트	7*900,000원	6,300,000
야외평상	7*100,000원	700,000
차광막	7*100,000원	700,000
캠핑용품	화로 7*30,000원	210,000
	무쇠솥 7 *100,000원	700,000
싱크대	7*100,000원	700,000
합계		9,310,000

명상체험		
품목	산출내역	가격(원)
야외평상	10*100,000원	1,000,000
차광막	10*100,000원	1,000,000
방석	20*30,000원	600,000
합계		2,600,000

투자 계획
Invest

단위:천원

년 도	사 업	투자 계획	지원사업
2021	약용식물	14,000	
	쌈채소	16,000	
	미니텃밭	3,000	
2022	재배단지확장	30,000	
	인디언캠프	10,000	
	명상체험	3,000	
2023	동물농장	24,000	
	물치유시설	10,000	
2024	가공공장	100,000	

알아두면 힘이 되는
농사업 지원 제도

농림수산식품부

☞ 홈페이지 : www.mafra.go.kr

☞ 농산·축산, 식량·농지·수리, 식품산업진흥, 농촌 개발 및 농산물
유통 등에 관한 정보가 총망라되어 있고 신뢰도가 높습니다.

1. 농림수산업자 신용보증기금

지원 대상

- 농업인, 어업인, 임업인, 원양어업을 영위하는 자(상시근로자 150명 이하)
- 농신보 규정 제4조 해당 농림수산단체 및 농림수산물 유통·가공단체
- 농림수산물 또는 그 가공제품을 수출하는 자 및 농림수산업 생산에 필요한 기자재를 제조하는 자(중소기업)

보증비율

농어업인, 농어업법인 : 85%, 그 외 80%

보증내용

농어업용 자금

보증한도

- 개인 및 단체 15억 원, 법인 20억 원

보증대상자금

- 농어업인 등의 영농자금, 과수 등의 식재·육성자금, 축산자금, 잠업자금, 영어자금 등 농림어업 발전에 필요한 자금(생활자금 외)
- 원양어업, 조림·묘포 설치 등에 필요한 자금
- 농업기계 사후관리 시설의 설치 또는 부품의 확보에 필요한 자금
- 농림수산물 유통·가공에 필요한 자금
- 중소기업으로서 농림수산물과 그 가공제품의 수출에 필요한 자금
- 농림수산업 기자재 제조에 필요한 자금
- 귀농, 후계농어업인 등의 정착과 창업에 필요한 자금 등

2. 청년농업인 육성정책

지원 대상

– 사업 시행연도 기준 만18세 이상~만40세 미만

– 본인 명의의 농지·시설에서 직접 영농에 종사하는 경영 3년 이하(독립경영 예

정자 포함)

영농정착지원금 지급금액

– 독립경영 1년 차는 월 100만 원, 2년 차 월 90만 원, 3년 차 월 80만 원 지급

(일정 수준 이상의 재산 및 소득이 있는 자는 제외)

사용용도 및 지급방법

– 자금용도 : 농가 경영비 및 일반 가계자금으로 사용 가능

(단, 농지 구입, 농기계 구입 등 자산 취득 용도로는 사용할 수 없음)

농촌진흥청

☞ 홈페이지 : www.rda.go.kr

☞ 농업의 발전과 농업인의 복지 향상 및 농촌자원의 효율적 활용을 도모하기 위한 농림축산식품부 장관 소속으로 설립된 기관으로, 농업 관련 과학기술의 연구 개발·보급, 농촌지도, 교육 훈련 등에 관한 사항을 추진합니다. 농식품산업의 경쟁력 향상을 돕는 제도들이 유용합니다.

농사로

☞ 홈페이지 : www.nongsaro.go.kr

☞ 주간 농사 정보, 농업 기상, 농산물 가격, 병해충 정보, 농약 정보 등 농업기술에 필요한 다양한 정보가 구비돼 있습니다.

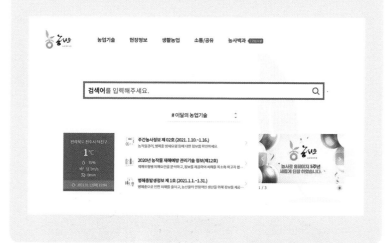

농업기술실용화재단

☞ 홈페이지 : www.fact.or.kr

☞ 농업과학기술분야 연구 개발성과의 신속한 영농현장 실용화를 촉진하기 위해 농촌진흥청이 설립한 공공기관으로 농업 R&D 성과를 농업경영체, 농식품기업 등에 확산·전파하여 농산업의 규모화와 산업화를 촉진하고 농업경쟁력을 높이는 데 도움이 되는 기술과 현장정보를 제공합니다.

농업기술센터

☞ 각 지역별로 운영되는 농업기술센터는 농촌 실생활에 밀접한 정보와 정책들을 얻을 수 있고, 인적 교류의 기회도 제공합니다.

산림청

☞ 홈페이지 : www.forest.go.kr

☞ 산림작물 및 귀산촌 관련 자료들이 들어 있다. 임업후계자 관련한 정보들이 풍부합니다.

한국임업진흥원

☞ 홈페이지 : kofpi.or.kr

☞ 산림과학기술의 보급과 임업 및 임산업의 고부가가치를 창출하여 임업인의 소득 증대와 산업화 촉진을 위한 기관입니다.

농림수산식품교육문화정보원

☞ 홈페이지 : www.epis.or.kr

☞ 귀농귀촌, 청년창업농, 스마트팜 등 관련 교육 정보가 많습니다.

6차 산업 지원센터

☞ 홈페이지 : www.6차산업.com

☞ 6차 산업 인증에서부터 지원 사업 등 다양한 정보를 제공합니다. 각 시도별로 운영합니다.

한국식품산업클러스터진흥원

☞ 홈페이지 : www.foodpolis.kr

☞ 농어업 발전 견인을 위해 식품산업의 인프라 강화 차원에서 추진하여 설립되었고, 11개 지원시설을 통해 원료 조달에서부터 시제품 생산, 검사 분석, 인력 공급 수찰, 마케팅까지 식품기업을 지원합니다. 대표적으로 식품산업단지 및 식품벤처센터와 청년창업 Lab이 있습니다.

생물산업진흥원

☞ 상품 개발 및 지역농식품사업을 지원합니다. 각 지역별로 생물산업진흥원 홈페이지를 운영합니다.

테크노파크

☞ 지역산업과 기업의 지속성장을 위한 스마트 파트너 역할을 합니다. 각 지역별 테크노파크 홈페이지가 있습니다.

경제통상진흥원

☞ 중소기업 육성자금에서부터 마케팅 지원 등 다양한 사업을 지원하고, 사회적 기업 등 사회적 경제도 지원합니다. 각 지역별 경제통상진흥원 홈페이지가 있습니다.

창조경제혁신센터

☞ 창업지원, 지역 전략산업 등에 대한 창업 생태계 지원합니다. 지역별 홈페이지가 있습니다.

농어촌알리미

☞ 홈페이지 : www.alimi.or.kr
☞ 농촌생활 전반에 대해 알려주는 사이트로 농촌 체험에 관한 정보도 제공하고 있습니다. 지역이나 체험 프로그램 이름으로 검색하면 해당 체험마을을 알려줍니다. 숙박시설과 지역 맛집, 인근 전통시장이나 직거래장터 정보도 제공합니다.

웰촌

☞ 홈페이지 : www.welchon.com

☞ 한국농어촌공사가 운영하는 농촌여행 정보 사이트입니다. 가족과 함께 떠나는 테마여행, 봄꽃·문화 축제와 함께 떠나는 여행 등 테마별 여행지를 추천해줍니다. 경기권·강원권·전라권 등 지역별 소개는 물론 영농체험·힐링체험 등 체험별 여행지도 알려줍니다. 농림축산식품부나 지방자치단체·지역관광공사 등이 진행하는 이벤트 소식도 알 수 있습니다.

팜스테이

☞ 홈페이지 : www.farmstay.co.kr

☞ 농협의 농촌체험마을사업인 '팜스테이'에 참여하는 마을을 소개하는 사이트로 체험형·전통문화형·자연중심형 등 테마별로 나누어 마을을 소개합니다. 마을별로 참여 가능한 프로그램과 숙박시설·특산물·지역축제 등 다양한 정보도 제공합니다. 전국의 팜스테이 마을 286개에 대한 정보를 모아놔서 유용합니다.

농촌의 재발견, 새롭게 열린 기회

편농便農 후농厚農

상농上農

다산 정약용은 농업이 피폐하고 소득이 오르지 않는 문제를 해결할 방안을 편농, 후농, 상농 세 가지로 나누어 제안했습니다. 첫째, 편농(便農). 편하게 농사지을 수 있어야 한다는 것입니다. 개량된 농사법에 대한 끊임없는 고민을 의미합니다. 둘째, 후농(厚農). 이익이 있게 해야 한다는 것입니다. 수익성을 말하는 것이겠지요. 마지막으로는 상농(上農)입니다. 농민의 지위를 높이자는 의미입니다. 여러분이 막 농사업을 시작했다면 이 세 가지를 잘 지키고 있는지를 한번 가늠해보시길 바랍니다. 농사업에 있어서 고금을 막론하고 성공에 다다를 수 있는 불변의 공식입니다.

농사업에 뛰어든 제 경험을 얘기해보자면, 회사 규모가 커지고 농사업의 성공 사례로 정부기관과 언론사 등에서 주목을 끌고 나서는 기사에 가끔 이런 댓글이 달립니다. 도시에서 실패해서 농촌으로 내려갔나 보네, 몸만 고생하고 돈은 얼마 벌지도 못할 거야, 같은 내용들입니다. 처음에는 억울하기도 하고 울컥하기도 했습니다.

하지만 지금은 다릅니다. 그런 편견이나 고정관념의 벽에 부딪힐 때마다 화를 내기보다는 선두주자로서의 사명감을 더 단단하게 마음에 새기려고 합니다. 농사업의 가치를 올리는 데 앞장서겠다고요. 그래서 텔레비전 프로그램에 출연할 때는 평소보다 더 말을 조리 있게 잘하려고 노력합니다. 양복 정장까지는 입을 수 없겠지만 최대한 단정하게 입고 나오려고도 합니다. 제 자신이 농업인을 대표한다는 마음가짐으로요.

여러분, 농업의 가치를 높이려면 자신의 이야기를 잘할 수 있어야 합니다. 자신의 가치는 누가 만들어서 갖다 바치는 것이 아니지요. 가만히 있어도 입만 벌리고 있으면 누가 넣어주는 것도 아닙니다. 본인 스스로가 만드는 것입니다. 자신만의 이야기를 할 수 있어야 합니다. 그러기 위해서는 자신이 지금 하고 있는 농사업이 사회적으로 어떤 비전과 가치가 있는지를 가장 잘 이야기할 수 있어야 합니다.

저는 수업을 할 때에도 그렇고 청년농부를 양성할 때도 늘 얘기

합니다. 우리가 어디로 가고 있는지 모른다면 목적지에 절대 도달할 수 없다고요. 여러분은 실무적인 디테일을 챙기는 동시에 가장 큰 목표를 좌표 삼아 움직여야 합니다. 편농, 후농, 상농. 이 세 좌표만 잊지 않는다면 여러분이 농사업에서 크게 길을 잃을 일은 없을 것입니다.

우리가 잘 아는 철학자 아리스토텔레스는 폭풍우가 마구 몰아치고 있을 때 공포를 느끼지 않는 사람은 평생 단 한 번도 폭풍을 겪어본 적이 없거나, 폭풍을 많이 겪어봐서 대책이 서 있는 사람이라고 했습니다. 여러분은 어떤 쪽이 될 건가요? 많은 경험으로 대책이 서 있어서 폭풍우를 맞닥뜨려도 담대하고 자신감이 있는 사람이 되고 싶지 않나요? 여러분이 농촌에서 새로운 가능성을 발견하고 새로운 경험과 도전, 실패를 경험하면서 그 과정을 통해서 배우는 게 있다면, 어떤 폭풍우가 와도 두렵지 않게 될 것입니다.

부자농부가 말하는
성공 스토리

약방의 감초!

흔하디흔한 말이었습니다.

그래서 감초는 당연히 우리나라에서 자라는 작물이라 생각했습니다. 소비량의 대부분을 외국에 의존한다는 것을 알게 됐을 때 국내 자료를 찾고 찾을수록 감초는 매력적인 작물이었습니다. 미래를 위해 누군가는 해야만 하는 작물이라 판단하고, 나라가 아니면 '나'라도 한다라는 각오로 무모한 도전을 시작하게 되었습니다.

그렇게 탄생한 것이 2013년 '농업회사법인유한회사 감초유통사업단'입니다. 이름만 들어도 '감초' 회사라는 것을 직시할 수 있도록 회사명과는 다소 어울리지 않는 이름으로 시작했습니다.

사업 시작 직후 한 지인으로부터 연락이 왔습니다. 익산시농업기술센터에 '고소득지역특색벤처농업 육성사업'이란 게 있으니 한번 공모해보라는 것이었습니다. 저는 밤을 새워가며 '감초재배단지 조성 및 가공공장 조성'이라는 세부 사업명으로 공모사업에 지원하였고, 서류심사와 발표심사를 거쳐 1억 원이 넘는 사업비를 지원받았습니다. 사업 초기인 것을 감안하면 큰 액수였고, 이후 회사가 성장 기반을 다지고 발전을 하는 데에 큰 도움이 되었습니다.

여러분 주변에 사업에 대해서 아는 사람들이 한 명도 없고, 다들 농촌에 가지 말라고 뜯어말리나요? 사업, 그거 아무나 하는 게 아니라면서 부정적인 의견만 말하나요?

여러분의 결심이 섰다면 저는 전문적인 기관들의 도움을 적극적으로 받으라고 추천합니다. 사업을 갓 시작하거나 준비하는 청년들에게는 낯설 수 있지만 다양한 공공기관과 연구기관들이 있기 때문입니다. 시군농업기술센터와 시도농업기술원, 농촌진흥청, 농림축산식품부 등의 사업들과 산림청, 임업진흥원 그리고 테크노파크와 경제통상진흥원 및 시도 출원기관의 농식품사업들이 대표적입니다. 각 기관별로 어떤 것들이 있고, 자신에게 해당하는 것이 무엇인지 면밀하게 검토하는 과정들이 필요합니다. 고 정주영 현대그룹 명예회장님이 하신 말씀 "세상은 넓고 할 일은 많다."와 비슷하게,

농사업과 관련해서는 공모와 지원 사업은 많고, 해야 할 일도 참 많습니다.

　제가 대표로 있는 케어팜은 농촌융복합산업이라는 확고한 목표를 가지고 시작하였습니다. 누구나 다 농촌융복합산업을 할 수 없지만, 할 수만 있으면 농촌융복합산업을 시도하라고 말씀드리고 싶습니다. 저는 법인 설립 후 3년이 지난 2016년에 농림축산식품부가 인증하는 '농촌융복합산업 인증'을 취득하였습니다.

　농촌융복합산업 인증은 각 지역의 6차 산업 지원센터를 통해 인증 절차를 거쳐 농림축산식품부 장관이 지정하게 됩니다. 1차·2차·3차 산업을 연계하여 6차 산업인 농촌융복합산업이라고 한다고 이 책의 앞에서 설명한 바 있습니다. 여러분이 농사업을 시작한다면 1차 산업과 2차 산업, 1차 산업과 3차 산업, 2차 산업과 3차 산업 등 다양한 방식으로 산업끼리 연계하여 추진해도 됩니다.

　다시 저의 예로 돌아가겠습니다. 저는 1차 산업인 농사업에 해당하는 감초재배단지를 먼저 조성했습니다. 그리고 감초를 세척과 건조한 다음 감초 분말을 만들 수 있는 작은 규모의 가공공장을 신축하였습니다. 공장을 신축하고 식품제조업을 새롭게 등록하였습니다. 식품제조업 등록은 적정한 규모의 시설을 갖춘 후 지방자치단체에 영업등록 신고를 하여야 합니다.

다음으로는 (재)발효미생물산업진흥원과 한국식품산업클러스터 진흥원(구 국가식품클러스터)의 지원 사업을 통하여 소재 및 제품 개발에 나섰습니다. 그렇게 탄생한 것들이 감초를 베이스로 하는 다양한 차(茶)류였습니다. 감초농축액인 액상 차 이름은 '달콤한 유혹'이고요, 감초와 도라지가 들어간 액상 차 '보랏빛 유혹'이 대표적입니다. 차 말고도 발효 제품들을 개발하여 온라인과 오프라인으로 판매하고 있습니다. 농축액 자체로 마셔도 좋지만, 아무래도 감초를 잘 모르는 사람들에게는 가장 접근하기 친숙한 액상 차 형태로 만들어서 반응이 좋습니다.

저와 비슷한 작물을 구상하고 있다면 추천하고 싶은 공모사업이 있습니다. 감초는 산림작물 등 약용류에 속해 있어, 산림청의 '산림작물생산단지 조성사업'이라는 공모사업에 지원해볼 수 있습니다. 공모기간은 대체로 매년 4월 말부터 6월 말까지입니다. 저희 회사는 2018년에 '산림작물생산단지 조성사업'에 도전해서 총 7억 원의 사업비를 지원받아 감초와 도라지 생산단지를 조성하였습니다. 또한 4차 산업혁명시대 ICT*를 활용한 스마트팜이 활성화되고 있는데, 대한민국 최초로 약용작물 스마트팜을 구축하였습니다.

----

* ICT : Information&Communication Technology 정보통신기술. 정보기술과 통신기술을 합한 용어로, 컴퓨터와 통신기술뿐만 아니라 정보화를 위해 필요한 모든 기술의 포괄적인 의미라고 할 수 있다.

현재는 노지, 비가림시설, 시설하우스, 스마트팜을 활용하여 감초, 도라지, 황기, 백하수오, 지초(지치, 자초), 더덕, 참당귀, 우엉 등 다양한 작물을 재배 및 연구하고 있습니다.

지역에 있는 대학교와 연계하여 중소벤처기업부의 첫걸음 과제인 '국내산 감초잎을 활용한 문제성 피부 개선 제품 개발'을 통하여 잉여농산물인 감초잎의 활용방안에 대한 연구를 거쳐 특허출원한 상태입니다.

2018년부터 '스마트팜 및 고부가가치 전략식품 상용화'라는 산업통상자원부의 과제에 참여하여 스마트팜을 이용한 고부가가치 작물재배 연구 중에 있습니다. 또 2018년 예비사회적기업 지정으로 인력 지원 등을 통하여 기업경영에 많은 도움을 받고 있습니다. 예비사회적기업은 지역형과 부처형으로 구분되어 있는데, 지역형은 시도지사가 부처형은 부처의 특성에 맞게 지정하고 있습니다. 2019년 (재)전주문화산업진흥원의 '2019년 개방형 SW R&BD 사업'을 통하여 감초의 문제 해결을 위한 스마트팜 기술 개발로 감초의 생육과 생산량 증대에 도움이 되고 있습니다.

2019년은 회사가 농촌융복합산업을 추진함에 있어서 완성 단계에 성공적으로 진입한 해입니다. 같은 해에 '농촌융복합산업 체험관'을 준공해서 일반인 등을 대상으로 감초 관련한 전시·판매와 체험·교육 등을 진행하고 있습니다.

또한, 농림축산식품부에서 지정하는 현장실습교육장(WPL) 지정으로 7년여 동안 익혀온 재배기술과 농촌융복합산업에 대한 실습교육을 진행할 수 있게 되었습니다.

체험·관광, 실습교육을 통한 농업 외 소득은 지속적으로 증가하고 있는 부분이어서 앞으로도 눈여겨볼 필요가 있습니다. 케어팜이 농촌융복합산업을 강조하고 있는 이유 중 하나입니다. 수익성이 높다는 것은 앞으로 발전 가능성과 경쟁력이 있다는 것을 의미하기도 하니까요. 케어팜은 농업을 농사, 농사업, 생산적 복지로 분류하고 있으며, 이제 농업은 농사를 넘어 농사업화 해야 합니다. 농업생산을 통한 소득도 중요하지만, 농업의 다양한 자원을 활용한 농업 외 소득 또한 매우 중요합니다. 생산만을 위한 소득보다는 농업이 가지고 있는 다양한 기능을 활용한 농업 외 소득으로 농업의 부가가치를 높여가야 합니다.

2019년 현장실습교육장(WPL) 지정으로 2020년엔 귀농귀촌과 청년창업 장기교육을 실시하였습니다. 농촌융복합산업을 통한 케어팜의 시설을 돋보일 수 있는 시간이었습니다. 농업생산뿐만이 아니라 농업의 다양한 자원을 활용한 농촌융복합산업을 많은 사람들에게 전수할 수 있는 시간이었습니다.

첫 번째 시도하는 것이라 다소 어려운 점들도 있었지만, 함께하는 직원들의 노력과 케어팜의 노하우로 모두 잘 진행하였습니다. 청년창업 장기교육을 통해 귀농을 위하여 귀농인의 집에 입주한 교육생, 가족농을 위해 부모님과 함께 사업을 추진하고 있는 교육생, 귀농을 준비하는 교육생은 준비하는 과정이 더 필요할 듯하여 케어팜에서 실습생으로 계속하여 공부하고 있는 교육생도 있습니다.

청년창업농은 쉬운 길이 아니지만, 채소류 분야에서 세계적인 협동기업인 벨기에의 '벨오타(BELORTA) 협동조합* 모델'을 실천한다면 가능할 것이라 판단합니다. 케어팜은 청년창업농들과 함께 '한국의 벨오타'를 만들어갈 것입니다.

2020년엔 기업부설 연구소와 벤처기업 인증, 그리고 전라북도에서 지정하는 돋움기업으로 지정받아 농식품 벤처기업으로 꾸준히 성장하고 있습니다.

이렇게 하여 케어팜은 2014년 3천만 원의 매출을 시작으로

----

* 벨기에 채소 생산의 중심지인 메헬렌(Mechelen)에 있는 벨오타는 1,600여 회원 농가가 참여해 약 5,000억 원의 매출을 올리는 세계적인 규모의 협동조합이다. (참조 : 정광용, 지구촌농업 생생교실 〈90〉벨기에 벨오타(BelOrta) 3 – 산지 조직화의 의미, 한국농어민신문, 2016.04.01, http://www.agrinet.co.kr/news/articleView.html?idxno=144340)

2015년 3억 6백만 원, 2016년 5억 5천 6백만 원, 2017년 6억 5천 6백만 원, 2018년 5억 5천 1백만 원, 2019년 8억 1천 6백만 원으로 조금씩 성장해가고 있으며 코로나19 상황에도 불구하고 2020년 10억 원의 매출을 예상하고 있습니다.

농사업을 하며 만난 사람들

지금까지는 CEO이자 농부로서의 마음가짐에 대해서 강조했습니다만 아직 가장 중요한 것을 말하지 않았습니다. 바로 태도입니다. 사람에 대한 태도가 결국 여러분의 모든 것을 좌우할지도 모릅니다. 도처에 있는 분들이 여러분들의 스승이 될 것입니다. 기나긴 인생 경험은 곧, 거대한 데이터베이스(DB)가 되니까요.

'일은 사람이 한다.'라는 말이 있습니다. 당연한 말인가요? 하지만 실무에서 사업을 하다 보면 결국 가장 힘든 건 사람 때문에 일어나는 일입니다. 반대로 큰일이 성사되려면 사람으로 이루어지기 마련이기도 합니다. 결국 우리는 어떤 일이든 간에 의미 있는 일을 하기 위해서는 혼자서는 아무것도 할 수 없습니다. 많은 사람들의 관계 속에서 일은 이루어집니다.

농사를 처음 시작하던 해, 마을 어르신께서 제게 질문을 하셨습니다. 어르신은 저를 볼 때마다 '김 박사, 김 박사'라고 다정하게 부르십니다.

"김 박사, 농작물이 무엇을 먹고사는지 아는가?"

초보 농부였던 저는 그 자리에서 한참을 생각하며 서 있었습니다. 비료? 물? 무슨 답을 해야 할지 몰랐습니다. 이런 제가 답답해 보이셨는지 어르신은 말씀해주셨습니다.

"농작물은 주인의 '발거름'을 먹고 산다네."

"네?"

"작물은 주인 발자국 소리 듣고 자라는 거라고, 이 사람아."

거름 중에서 최고는 주인 발거름(발걸음)이라니요.

그렇습니까, 라고 고개를 끄덕이긴 했지만 사실 그때는 무슨 이야기인지 이해를 잘 하지 못했습니다. 주인이 얼마나 자주 와서 들여다보고, 잘 자라는지 살피고, 걱정해주느냐에 따라 농작물이 잘 자라고 못 자라고가 결정된다는 그 '진리'를 안 것은 한참이 지나서였습니다.

제가 본 교과서에는 그런 말이 없었습니다. 작물은 햇빛, 바람,

공기, 물, 거름으로 자란다고만 되어 있습니다. 주인의 발자국 소리를 듣고 '사랑받은' 작물이 잘 자란다는 말은 제가 농촌의 어르신에게 배운 큰 가르침이었습니다.

처음 감초 농사를 시작할 당시에는 990㎡(300평) 규모에서 재배했습니다. 오랜 시간 동안 사무직의 몸에 맞춰져 쉬운 일은 아니었지만, 그래도 재미있게 했습니다. 오랜 경험의 농업인처럼 작물재배에 있어 매일매일 신경을 쓰면서 하지는 못했습니다.

마을의 어르신께서 감초밭을 돌봐주시길 했지만, 다른 일들도 있어서 한동안 감초밭에 가질 못했습니다. 한참 시간이 흐르고 나서 감초밭을 갔는데, 감초들이 힘이 없어 보였습니다. 그리고 감초는 저에게 마치 뭐라고 하는 것만 같았습니다.

'주인님, 왜 이제야 오셨어요?'

'저희 그동안 너무 아프고 힘들었어요.'

이 원망하는 소리가 아우성처럼 들리는 것만 같았습니다. 왠지 죄책감이 들어 밭에서 돌아서는 순간 저의 뒤통수를 누군가가 내리치는 것 같았습니다.

그 어르신 말씀이 떠올랐습니다.

"김 박사! 작물은 주인 발거름을 먹고 산다니까."

그날 이후로 출장이나 다른 업무들이 있어도 가능한 한 감초에 게 먼저 가거나 혹은 출장이나 업무를 마치고 늦게라도 감초를 보 고 왔습니다. 그렇게 저는 제 밭에 '발거름'을 주었습니다.

그게 습관이 되었을 무렵 감초들은 이렇게 말하는 듯했습니다.

'이제 좀 살 것 같아요. 고마워요, 감사해요!'

그때의 감초 모습은 아주 건강해 보였습니다.

7년이 지난 지금에도 그때 그 어르신의 말씀을 잊을 수 없습니 다. 회사가 발전하면서, 더 많은 일들이 있지만, 가능한 한 하루의 시작을 감초 농장에서 보내려고 노력합니다.

식품 제조·가공을 하며 만난 사람들도 많았습니다. 집에서 요리 하는 것조차도 서툰 제게 식품 가공은 다른 나라 이야기만 같았습 니다. 농사업을 시작하며, 농촌융복합산업을 목표로 시작하였습니 다. 재배뿐만 아니라 재배한 작물을 가지고 어떤 제품들을 만들 것 인지에 대한 고민은 감초 씨앗을 뿌리면서부터 시작되었습니다.

감초는 식품, 조미료, 음료, 화장품, 의약품 등 다양한 산업에 소 재로 활용되고 있지만, 감초만을 가지고 어떠한 제품을 만들 것인 지에 대한 고민은 너무도 어려웠습니다. 먼저, (재)발효미생물산업 진흥원을 통해 감초를 융합한 제품들을 시도해보았습니다.

고추장에 감초를 넣으면 어떨까 싶었습니다. 그런데 그즈음에 고추장 명인 중 한 분이 감초를 활용해 고추장을 만드셨습니다. 그렇게 '감초 고추장'이 나왔고, 전주발효식품엑스포에서 감초 고추장이 농림축산식품부 장관상을 받았다는 소식도 들었습니다. 감초의 가능성과 대중화에 기여할 것이라는 점에서 환영할만한 일이죠.

2016년에 식품의약품안전처는 국민의 건강증진을 위해 '당 저감 종합대책'을 발표했습니다. 과도한 설탕 섭취는 당뇨, 고혈압, 소아비만의 원인이 되고, 이로 인한 사회적 비용이 증가하고 있어 정부가 당 저감 대책을 추진하겠다고 나선 것입니다.

우리 문헌을 보면 "감초는 맛이 달고 평이하여~."라는 기록이 여러 군데에서 나옵니다. 감초는 설탕보다 50배 이상이 달고, 다당류로 되어 있어 인체 흡수가 적어 건강에 해롭지 않다라고 기록되어 있기도 합니다. 이 감초의 단맛이 설탕을 대체할 수 있을지도 모르겠다는 생각이 들었습니다. 그래서 감초를 분말로 만들었습니다.

집에서 먼저 사용해보기로 했습니다. 양념간장, 찌개 등 각종 요리에 설탕을 빼고 감초를 사용하기 시작했습니다. 결과는 기대 이상이었습니다. 풍미가 올라가면서 맛이 더 좋아졌다고 가족들은 공통된 시식 평을 남겼습니다. 아이들까지 맛있다고 하니, '그렇다면 감초가 설탕을 대체할 수도 있겠구나.'라는 생각이 들었습니다. 지금도 회사 차원에서 계속해서 설탕 대체를 위해 꾸준하게 연구하고 있습니다.

사업을 하면서 큰 도움을 받은 기관 중 하나는 한국식품산업클러스터진흥원(구 국가식품클러스터)입니다. 8년여 동안 공무원 생활을 하며 국가식품클러스터를 유치하기 위해 다양한 노력을 했습니다. 진흥원의 업무와 기업에 대한 지원을 누구보다 잘 알기에 사업을 시작하며 이곳 진흥원 준공 직후 식품벤처센터에 입주하였습니다.

결과적으로 식품벤처센터 입주는 신의 한 수였고, 식품 가공을 위한 아주 적절한 타이밍이었습니다. 기능성평가센터, 품질검사센터, 패키징센터, 파일럿플랜트 등 농사업 초보자와 사업계획 단계에 있는 이들에게도 '안내자'와도 같은 역할을 톡톡히 해줬습니다. 이곳에서 안정적으로 감초를 활용한 다양한 식품 제조를 할 수 있었습니다. 감초농축액을 제조하여 이곳저곳에 활용하고 있습니다. 지금은 『동의보감』에 기록되어 있는 것들을 찾아 식품으로 만드는 과정입니다. 국산 감초가 있어 가능한 일들인 듯합니다.

農食化藥同原(농식화약동원)
'농산물과 식품과 화장품과 의약품은 근원이 같다.'

제가 감초를 기반으로 여러 가지 분야에서 부가가치를 창출하면서 가지고 있는 제1원칙입니다. '먹는 것과 약은 같다.' 화장품 분야에서도 마찬가지입니다. 감초는 식품뿐만 아니라 화장품에도 사용되고 있는 소재입니다. '먹지 못하면 바르지도 않는다.' 먹을 수 있는 것, 그것도 고품질의 원재료를 가지고 화장품을 제조해야 한다는 것이 회사의 신념입니다.

감초는 식품뿐만 아니라 화장품에도 사용되고 있는 소재입니다.

한 번도 해보지 못한 새로운 화장품 사업 분야에 진출하면서 만난 사업가도 큰 도움을 주셨습니다. 가장 기억에 남는 분은 현장에서 겪은 노하우를 알려주신 최 이사님입니다. 전문가와 교류를 하는 것은 시행착오를 줄일 수 있는 가장 현명한 방법입니다. 그들은 이미 많은 것을 알고 있으니까요.

물론 쉽지 않습니다. 노하우를 한 번에 알려주는 사람이 어디 흔할까요. 제가 만난 최 이사님도 아는 분의 소개를 거쳐서 간신히 연락이 닿았지만 한두 번의 짧은 통화 이후에는 전화를 받지 않으셨습니다. 하지만 저는 포기하지 않고 전화를 하고, 메시지를 남기고, 조금 시간이 지나고 또다시 전화를 했습니다. 나중에 최 이사님과 어렵사리 만나게 되면서 많은 도움과 조언을 받았습니다. 최 이사님은 저를 만나지 않을 생각이었다고 털어놓으셨습니다. 저의 간절함이 전해졌기 때문에 귀인(貴人)과 만나게 되었다고 생각합니다. 여러분도 아는 인맥이 없다고, 그 분야의 지식이 없다고 주저하지 말고 끊임없이 문을 두드리십시오. 그러면 여러분의 열정을 알아봐주는 사람이 분명히 나타날 거라고 확신합니다. 어쩌면 생각보다 쉬울지도 모릅니다. 그런 분들은 이미 자신들이 그런 시기를 고스란히 겪어왔기 때문에 어떤 마음인지 너무나도 잘 알고 있기 때문입니다.

감초는 미백 화장품 원료로 고시되어 있을 정도로 효능이 널리 알려져 있습니다. 하지만 안타깝게도 모두 수입산 원료를 사용하고 있는 실정입니다. 저는 국산 감초를 자랑도 하고 싶고, 수입 원료를 대체할 수 있는 방법도 찾고 싶었습니다. 그래서 코스메틱 분야에 뛰어든 것입니다. 샴푸, 바디 스크럽, 로션 등 다양한 제품에 활용하며 케어팜의 국산 감초를 사용하여 새로운 제품을 개발하고 있습니다. 최근에는 피부임상센터를 통해 인체적용시험을 마쳤으며, 미백과 주름 개선 효능이 있다는 검증을 받았습니다.

제가 한 일도 아니고 제가 할 수 있는 일도 아니었습니다. 사람과의 관계를 통해 해낸 일이었습니다. 혼자서는 할 수 있는 일이 아닙니다. 먼저 다가가 도움을 요청하면 되는 것 같습니다. 한번 다가가 거절당하면 다시 가면 됩니다. 힘들더라도 다시 가면 됩니다. 이처럼 귀농(농창업)이라는 것은 쉽진 않지만, 많은 사람들과의 관계로 헤쳐나갈 수 있습니다.

부자농부의 꿀팁

'발거름'과 '귀인' 만나기.
잊지 마시길 바랍니다.

최고의 농부는 사람을 키운다

WPL 들어보셨나요? 낯선 단어이시죠?

저도 처음 듣는 단어였습니다. 현장교육실습장(WPL, Work Place Learning)이란 용어입니다. 청년농부 양성 과정에 관심이 있다면 들어볼 수 있는 말입니다. 저는 처음 청년농부 양성 과정을 지도하면서 또 한 번 많은 것들을 배우게 됐습니다. 또 단순히 가르치는 데에서 그치는 것이 아니라 농업 관련된 많은 정보들을 알아보는 계기가 되었습니다. 2019년 농고생 국외연수 프로그램인 미래농업선도고교(호남원예고, 홍천농고, 청주농고, 충북생명산업고) 직무역량강화에 전문인 솔자로 참여했습니다.

다산 정약용 선생님의 말씀입니다. 어느 농업기술센터 입구에 붙어 있었습니다.

하농작초(下農作草)
초보 농부는 풀을 키우고
중농작곡(中農作穀)
중급 농부는 비로소 곡식을 재배하며
상농작토(上農作土)
상급 농부는 토양을 만들고
성인작농(聖人作農)
최고의 농부는 사람을 키우는 것이다.

저는 이제 막 초보에서 벗어나 중급 정도의 농부 수준이라 생각하고 있지만, 청소년들을 향해 조금이라도 도움이 되는 일을 하고 싶다는 꿈을 가지고 있기에 부탁을 받고서는 망설임 없이 동행하기로 했습니다. 현장품목실습장(WPL) 현장교수로서의 타이틀은 여기서부터 출발한 것입니다.

누군가를 가르치기 위해서는 제가 시야를 넓혀야 했습니다. 네덜란드 화훼협동조합, 케어팜, 토마토월드, 월드호티센터(WORLD

HORTI CENTER)*와 벨기에 채소원예협동조합 벨오타(BELORTA), 프랑스 뤼엘농장 등 다양한 농업현장을 방문하여 시설원예에서부터 케어팜 그리고 협동조합과 농촌융복합산업의 사례들을 견학하고 체험하는 과정이었습니다. 미래농업선도고교 학생들에게 농업에 대한 꿈과 진로에 대하여 정부가 지원하는 프로그램인데 너무 귀한 프로그램이라 생각했습니다.

전문가라고 선택되어 동행하였지만, 오히려 제가 배우는 게 더 많았습니다. 특히 네덜란드 월드호티센터와 벨기에 벨오타 협동조합은 케어팜이 나아가야 할 방향을 가르쳐주는 것만 같았습니다.

월드호티센터는 한마디로 산학연을 통하여 인재를 양성하는 기관과 같았고, 벨오타 협동조합은 청년들과 어떻게 협동해야 하는지에 대한 답을 주는 것만 같았습니다. 월드호티센터를 둘러보면서는 가슴이 두근거렸습니다. 우리나라에서 한국농업사관학교(Korea Agriculture Academy)가 그려졌기 때문입니다. 벨오타 협동조합을 다녀오고 나서는 '청창농협동조합'이라는 꿈을 꾸었습니다.

그 해외연수 중 기관의 담당자로부터 WPL이라는 말을 듣게 되었습니다. 연수를 마치고 WPL에 대하여 알아보기 시작했으며, 추가 모집이 있다는 것을 알았습니다. WPL은 (청년)농업인, 농고·농대생들 후발농업인의 선진 영농기술 습득 및 영농창업 실무역량강화

---

* '원예산업의 실리콘밸리'를 꿈꾸고 있는 월드호티센터는 100개 이상의 원예 관련 기업이 참여해 전시와 연구, 훈련 및 교육 등을 목적으로 운영되고 있다.

를 위한 맞춤형 현장실습교육 수요가 증가함에 따라 현장교육 수요에 대응하여 현장교육실습장(WPL) 확대 지정 필요에 의하여 추진하는 것이었습니다.*

농장 소개와 대표자 이력 그리고 교육장, 시설 등 관련된 모든 자료를 꼼꼼히 챙겨 접수하고, 서류 통과 후 강의 테스트를 받았습니다. 어느 자리든 평가를 받는다는 것은 떨리는 일이었습니다. 최선을 다해 시범강의를 마치고, 현장평가를 거쳐 WPL 지정을 받았습니다.

실습장명 : 농업회사법인 케어팜
현장교수 : 김태준
품   목 : 감초

귀 실습장은 상기 품목에 대한 실용기술과 강의 능력, 실습교육 여건을 인정받았기에 현장실습교육(WPL)을 위한 지역품목실습장으로 지정합니다.

2019년 12월 04일
농림축산식품부 장관

---

* 농림수산식품교육문화정보원, 2019년 현장교육실습교육(WPL)장 추가 지정 추진계획

현장실습교육을 위한 지역품목실습장으로 지정되면서 의미 있는 일에 참여하게 되었습니다.

미래농업선도고등학교 학생들과 농업에 대한 가치와 꿈을 공유하게 되었고, 청년창업농들에게 미래농업·농촌을 지켜나갈 수 있는 꿈과 비전을 공유하고, 귀농귀촌인들에게 작물선택과 귀농에 필요한 현장의 소리를 들려주는 시간들을 만들어가고 있습니다. 미래선도농업고등학교의 현장실습교육에서 학생들의 소감을 읽으며 가슴 뭉클하기도 했지만, 케어팜과 WPL을 통하여 미래농업·농촌에 대한 책임감을 더욱 느끼게 되었습니다.

청년농부
양성 과정

    2020년에 처음 청년창업농 장기교육에 들어갔습니다. 500여 시간 장장 6개월여 동안 5명의 청년들과 농사업에 대하여 함께 꿈을 꾸며 여행을 시작하였습니다.

    농사보다는 농촌융복합산업을 통한 농사업을 강조하며, 생산에서부터 가공, 체험, 관광, 교육을 융복합하는 케어팜의 비법을 전수하기 시작했습니다. 함께하는 직원들에게도 교육은 서비스이고, 청년창업농 장기교육은 케어팜의 서비스라고 이야기하며, 아낌없이 전해주고 아낌없이 비용을 사용하라고 했습니다. 이미 청년창업농을 시작하여 열심히 하고 있는 최고의 강사진들을 초빙하여 강의를 듣고, 농촌융복합산업으로 정진하고 있는 곳들을 방문하여 현장의 이야기를 듣고, 앞으로 추진되어질 치유농업을 위해 관련기관의 전문가들을 초빙하여 치유농업에 대한 강의를 듣고, 제주도에 있는 초록생명마을을 필두로 농촌융복합산업과 소문난 카페 방문을 통하여 청년창업농들의 미래를 설계하게 하였습니다.

책을 쓰고 있는 이 시간에도 육 개월 동안 동고동락한 청년들이 보고 싶네요. 지금은 귀농인의 집에 입주하여 귀농을 준비해가고 있는 청년, 부모님 일을 도와가며 가끔씩 굴삭기(포클레인)도 운전하는 당찬 여성청년창업농은 농촌융복합산업을 위해 열심히 준비해가고 있고,

어느 청년은 귀농을 준비하며 케어팜의 비법을 더 전수 받고자 케어팜에 머물고 있는 청년도 있습니다.

얼마만큼의 시간이 더 걸릴지 모르겠지만, 1기 케어팜 청년창업 농들과 함께 농업·농촌을 위해 더욱 정진해나갈 것입니다. 부족한 부분은 더 채우고, 나약한 부분은 더 강하게 만들어 성공하는 청년 창업농들이 되길 꿈꿉니다. 한국에서 만들어갈 '청창농협동조합'을 위해 이 청년들과 한 걸음을 뗐다는 점에서 의미가 깊습니다. 저 멀리 보이는 청창농협동조합을 위해 케어팜은 2021년에도 청년창업 농 장기교육을 준비하고 있습니다.

공자는 "봄에 밭 갈지 않으면 가을에 거둘 게 없고, 새벽에 일어나지 않으면 그날 할 일이 없어진다(春若不耕 秋無所望 寅若不起 日無所辦)."라고 했습니다. 저에게 있어서 청년농부를 양성하는 일은 봄에 밭을 갈고, 새벽에 일어나는 일과 같습니다.

청년농부들은 다양한 청년들이 모입니다. 갓 고등학교를 졸업한 청년부터 회사를 다니다가 농촌에서 새 출발을 해보겠다는 도전의식 가득 찬 삼십 대 청년까지 다양합니다.

이들의 하루 일과는 이렇습니다. 학생들의 일과를 볼까요. 이들은 합숙 생활을 하고, 제주도 농장으로 단체 실습을 하면서 직접 농사의 모든 과정을 몸으로 체험해봅니다. 그 과정에서 좋은 농사업 동지들을 만나 인맥 교류하는 것도 큰 수확입니다.

〈2020년 청년창업농 교육 일정표〉

	일정		과목명
	날짜	시간	
1주	6.15	09:00-18:00	농업과 비전
	6.16	09:00-18:00	꿈이있는 청년창업농
	6/17	09:00-10:00	사기피해 예방 및 지역민 융화교육
		10:00-12:00	농촌에서의 범죄예방
		13:00-18:00	배양토의 중요성
	6.18	09:00-18:00	재배 틀 설치
	6.19	09:00-18:00	재배용기 조립1
2주	6.22	09:00-18:00	재배용기 조립2
	6.23	09:00-18:00	배양토만들기
	6.24	09:00-18:00	배양토채우기
3주	6/29	09:00-11:00	사업계획서 작성1
		12:00-18:00	사업계획서 작성을 위한 글쓰기
	6/30	10:00-12:00	청년창업농 사례1
		14:00-16:00	농업을 통한 식품산업 활용
		16:00-18:00	사업계획서 작성2
		18:00-20:00	내 물건 잘 팔기 위한 아이디어
	7/1	09:00-17:00	종자 및 묘목 관리
		17:00-18:00	(신규)PLS
4주	7.6	09:00-18:00	생육관리1
	7.7	09:00-18:00	생육관리2
	7.8	09:00-18:00	생육관리3
	7.9	09:00-18:00	품목관리 및 환경에 따른 재배기술1
	7.10	09:00-18:00	품목관리 및 환경에 따른 재배기술2
5주	7.13	10:00-13:00	특용작물 스마트팜1
		14:00-16:00	농업 마케팅
		16:00-18:00	스마트팜
		18:00-20:00	특용작물 스마트팜2
	7.14	10:00-12:00	청년창업농 사례2
		13:00-15:00	특용작물 스마트팜2
		15:00-17:00	지역도시재생
		17:00-19:00	특용작물 스마트팜3
	7.15	09:00-12:00	농식품 관점을 바꾸는 시간
		13:00-17:00	치유농업1
6주	7.20	09:00-18:00	재배작물 활용하기1
	7.21	09:00-18:00	재배작물 활용하기2
	7.22	09:00-18:00	재배작물 활용하기3
7주	7.27	09:00-18:00	임업후계자 양성 과정1
	7.28		임업후계자 양성 과정2
	7.29		임업후계자 양성 과정3
	7.30		임업후계자 양성 과정4
	7.31		임업후계자 양성 과정5
8주	8.3	14:00-20:00	7월 교육과정 정리 및 학습토론
	8.4	09:00-18:00	병해충관리1
	8.5	09:10-18:10	병해충관리2

주	날짜	시간	과목
9주	8.10	10:00-19:00	병해충관리3
	8.11	09:10-13:10	생육환경관리1
		14:00-18:00	치유농업2
		18:00-19:10	농촌의 사회적 경제
	8.12	09:00-12:00	창업 세무회계
		13:00-20:00	생육환경관리2
10주	8.17	09:40-18:40	생육환경관리3
	8.18	09:30-17:30	농촌융복합산업 현황
		18:30-20:30	농촌융복합산업 현황2
	8.19	09:30-18:30	청년창업농 사례3
11주	8.24	09:30-14:30	생육환경관리4
		15:00-17:00	치유농업 개념 사례 관련법
		17:30-18:30	(신규)지원정책
	8.25	09:30-12:30	생육환경관리5
		13:30-17:30	치유농업3
	8.26	09:30-18:30	약용작물 재배를 위한 미생물 제조 방법
12주	8.31	10:00-19:00	8월 교육과정 정리 및 학습토론
	9.1	10:00-19:00	세척 및 건조 과정1
	9.2	09:00-18:00	가공의 이해
	9.3	09:00-18:00	가공종류 및 방법1
	9.4	09:00-18:00	가공종류 및 방법2
13주	9.7	10:00-18:00	농촌융복합산업1
	9.8	10:00-18:00	농촌융복합산업2
	9.9	09:00-18:00	품목관리 및 환경에 따른 재배기술3
	9.10	09:00-18:00	품목관리 및 환경에 따른 재배기술4
	9.11	09:00-18:00	수확시기의 중요성과 방법1
14주	9.14	10:00-18:00	법인설립1
	9.15	09:00-17:00	법인설립2
		17:00-19:00	농작업 안전관리
	9.16	09:00-18:00	수확시기의 중요성과 방법2
	9.17	09:00-18:00	수확시기의 중요성과 방법3
	9.18	09:00-18:00	수확시기의 중요성과 방법4
15주	9.21	10:00-18:00	창업스토리1
	9.22	10:00-18:00	창업스토리2
	9.23	10:00-15:00	최종 토론 및 정리

에필로그

저는 농업을 농사(農事), 농사업(農事業), 생산적 복지(福祉)로 구분하고 있습니다. 지금껏 농업에서는 대부분 농사를 중심으로 일구어왔습니다. 이제 농사를 넘어 농사업으로 나아가야 한다고 청년들에게 말하고 싶습니다. 개인사업자이든 법인사업자이든 사업자등록을 하라고 합니다. 농부란 말 대신에 청년창업농이라고 하는 것처럼, 농업 역시도 단순한 농업이 아니라 창업의 단계로 나아가야 합니다.

쉬운 길은 아닙니다. 더 복잡해졌죠. 사업가적인 마인드를 함양하고, 귀농·귀촌이나 청년창업농을 위해서는 보다 더 구체적인 계획을 세워야 할 것입니다. 흔히들 말하듯이 '그냥 농사나 지을까?'라는 말이 되어서는 안 됩니다. 그저 땅에 농사를 짓는 것이 아니라 농사업이라고 생각한다면 사업을 위한 철저한 준비와 계획을 세우게 될 것이니까요.

저는 또한 농업은 농사업을 넘어 '생산적 복지'라고 말하고 싶습니다.

어느 날 진료를 위해 지역에서 큰 병원에 갔습니다. 앞 사람에게 처방전을 주며 하시는 말씀이 바깥으로 들렸습니다.

"할머니, 이 약은 뺄게요."라고 의사가 크게 말하고 있었습니다. 환자 대기석 옆에 서 있는 간호사에게 물었습니다.

"아니, 왜 약을 왜 빼는 건가요?"

"어르신들이 농촌에서 많이들 오시거든요. 그런데 그런 어르신들은 대부분 관절이나 허리 등 몸 여기저기가 아프셔서 물리치료도 자주 받으시고, 한의원에도 다니시고 그러니까 의사 선생님이 확인해 보고 나서 그중에 중복되는 약이 있으면 처방전에서 빼는 거예요."

그 말을 듣는데 영 마음이 짠했습니다. 그동안 농업·농촌을 지켜오셨던 우리의 부모님들의 모습이기 때문입니다. 그런데 이 어르신들께서 그동안은 안 아프셨던 것이 아니었을 것이라 생각합니다. 아프셨지만, 일을 하며 견디고 참으셨던 거라 생각합니다. 크게 힘을 쓰는 일이 아니더라도 적당히 활동을 하면 건강을 유지할 수 있지 않을까라는 생각이 들었습니다. 그리고 저희 농장과 동네의 어르신들도 생각이 났습니다.

이젠 예전처럼 넓은 면적에서 일하실 수 없지만 최소한의 면적에서 동네 어르신들이 함께 모여 활동할 수 있는 공간을 마련해드리면 이야기도 나누고, 생산된 작물에서 조그마한 소득도 될 수 있는 그런 공동체를 꿈꾸고 있습니다.

이것이 제가 생각하는 생산적 복지입니다. 건강도 지키고, 사회적 비용도 절감하고, 마을 공동체도 회복하고 생각만 해도 행복해집니다.

농업!

이제 농사를 넘어 농사업으로 그리고 생산적 복지로 농업의 뉴딜을 만들어보겠습니다.

☞ **창업 준비와 정책 지원을 위한 서식들입니다.**

한번 가상으로 사업계획서를 작성해봅시다.

부록

농촌융복합산업
사업자 인증 신청서 양식

농촌융복합산업 사업자 인증 신청서(신규 · 갱신)

접수번호		접수일		처리기간	3개월

신청인	신청단위 [ ]농업인, [ ]개인 · 법인사업자, [ ]영농조합, [ ]협동조합, [ ]농업회사법인, [ ]기타	
	성명(법인명)	사업자등록번호 (생년월일)
	대표자 성명(법인인 경우)	전화번호
	주소	

신청 내용	유형 구분 [ ] 1×2차형(가공),　[ ] 1×3차형(체험, 직거래 등),　[ ] 1×2×3차형(복합형)
	구분 [ ] 최초 인증 신청,　　　[ ] 갱신(유효기간 연장) 신청
사업 계획	〈붙임〉으로 작성하여 별도 첨부

「농촌융복합산업 육성 및 지원에 관한 법률」제8조, 제11조 및 같은 법 시행규칙 제2조, 제4조에 따라 위와 같이 농촌융복합산업 사업자 인증을 신청합니다.

　　　　　　　　　　　　　　　　　　　　　　　　　　　　　　년　　월　　일

　　　　　　　　　　　　신청인　(서명 또는 인)

농림축산식품부장관　　　귀하

신청인 제출 서류	1. 사업계획서 1부 2. 농업경영체 증명서 1부(농업인 또는 농업법인인 경우) 3. 정관 또는 조직과 운영에 관한 규정(법인 아닌 단체로서 사업자등록을 하지 아니한 경우) 4. 재무제표 등 경영상태를 확인할 수 있는 서류	수수료 없음
담당 공무원 확인 사항	1. 법인 등기사항증명서(법인인 경우) 2. 사업자등록증(사업자등록이 되어있는 경우)	

동 의 서

본인은 이 건 업무처리와 관련하여 담당 공무원이 「전자정부법」제36조 제1항에 따른 행정정보의 공동이용을 통하여 위의 확인사항 중 사업자등록증을 확인하는 것에 동의합니다.
동의하지 않는 경우에는 신청인이 직접 관련 서류를 제출하여야 합니다.

　　　　　　　　　　　　　　　　　　　　　신청인　　　　　　　(서명 또는 인)

농촌융복합산업 활성화를 목적으로 인증 승계를 받은 자의 정보와 승계 내용을 6차 산업 홈페이지 및 농림축산식품부 홈페이지에 공개하고, 농촌융복합산업 육성사업에 활용할 수 있도록 해당 지방자치단체 등에 제공하는 것에 동의합니다.

　　　　　　　　　　　　　　　　　　　　　신청인　　　　　　　(서명 또는 인)

사 업 계 획 서(신규)

Ⅰ. 추진사업의 명칭 :

Ⅱ. 사업자 일반 현황(작성일 기준 :　.　.　.)

성명(법인명)		사업자등록번호	
대표자명		설　립　일	
연 락 처			
주　　소			
업　　종		자본금	백만 원
주 생 산 품*			
매출액 및 고용현황 * 해당하는 부분만 작성	■ 총매출액 :　　백만 원 　* 농산물 생산(1차) :　, 농산물 가공(2차) :　, 농촌 체험·관광(3차) : ■ 고용현황 : 총　　명 　* 유급종사자 :　명(상시** :　명, 임시*** :　명) 　무급종사자 :　명(가족 :　명, 기타 :　명)		
사업장 주소	우편번호 :		
사업장 현황 * 해당 부분 √ 체크 후 해당 면적 기입	1차	* □ 자가생산 농장면적 :　　㎡(전　　　답　　　) * □ 그 외(계약재배 또는 매입 등) 농장면적 :　　㎡(전　　답　) * □ 자가생산 시설면적 :　　㎡(하우스　　축사　　기타　　) * □ 그 외(계약재배 또는 매입 등) 시설면적 :　　㎡(하우스　　축사　　기타　　)	
	2차	공장면적 :　　㎡(대지　　　건물　　　)	
	3차	시설면적 : 체험　　㎡, 음식점　　㎡, 숙박　　㎡, 직매장　　㎡, 기타　　㎡ 연간(전년도) 방문객 수(체험객 수) :　　　　명	
특 이 사 항	(인·허가, 정부지원 사항 등을 시계열 순으로 기재)		

- -

*　매출액 기준 상위 3가지 상품(제품)을 기재하며, 사업자의 주요 분야가 식당(농가맛집 등)일 경우 매출 상위 3개 메뉴를 기재합니다.

**　상시근로자 : 1년 이상 상시 고용하는 근로자(계약기간 1년 이상인 계약직을 포함합니다.)

***　임시근로자 인원 산출방법 : 연간 근무시간 누계 1,920시간(12개월×20일/월×8시간/일)을 1명으로 계산

(예시) 10명을 5개월간 월 10일, 일 5시간씩 고용한 경우 연간 근무시간은 2,500시간(10명×5개월× 10일/월×5시간/일=2,500시간), 인원으로 환산 시 1.3명(2,500시간/1,920시간=1.3명)

Ⅲ. 농촌융복합산업 추진역량[사업자(사업주)의 농촌융복합산업 기본역량]

① 농촌융복합산업 관련 교육 참가실적(최근 3년간, 신청연도 포함)

교육명	년/월	장소	주최(주관)기관	참고

② 농산물 가공·체험·요리 등 농촌융복합산업 관련 자격증·인증 취득 현황

자격증/인증명	발급 년/월	발급기관	참고

③ 농산물 가공·체험·요리 등 농촌융복합산업 관련 신상품 개발 증명서, 특허출원 실적

증명서/특허명	발급 년/월	발급기관	참고

④ 농촌융복합산업 경진대회·품평회·박람회 등 수상실적(도 단위 이상)(최근 3년간, 신청연도 포함)

행사명	수상등급	주최(주관)기관	참고

Ⅳ. 농촌융복합산업 추진실적[사업자(사업주)의 농촌융복합산업 사업 추진실적]

① 매출·수출실적(가공, 체험, 서비스의 재료로 사용되는 농산물 포함)

구 분	매출액(백만 원)	수출액($)	비고 (수출국별 수출액)
20 년(인증 신청 전년도)			
20 년(인증 신청 전전년도)			

② 고용현황

구 분	총 고용인원	유급종사자		무급종사자	
		상시근로자*	임시근로자**	가족	기타
20 년(인증 신청 전년도)					
20 년(인증 신청 전전년도)					

* 상시근로자 : 1년 이상 상시 고용하는 근로자(계약기간 1년 이상인 계약직을 포함합니다.)
** 임시근로자 인원 산출방법 : 연간 근무시간 누계 1,920시간(12개월×20일/월×8시간/일)을 1명으로 계산

V. 사업의 개요 및 세부계획(향후 3년간)

사업의 개요 및 추진계획	① 사업의 개요, 기본방향 및 체계, 융복합 형태 ② 향후 3년간 세부 추진계획

1. 사업의 개요, 기본방향 및 체계, 융복합 형태

사업의 개요, 기본방향, 추진체계, 농촌융복합산업 형태 기술 : 1차·2차·3차 산업 간 연계 형태, 2차·3차 산업과 1차 산업과의 관계, 부가가치 제고 방식

2. 향후 3년간 세부 추진계획

신상품 개발, 제품의 구체적인 판로확보 방안(직매장 활용, 온라인 판매, 체험객 유치 등), 고객 확보 노하우, 홍보·마케팅계획을 통한 매출 증대 등 계획의 독자성, 창의성, 차별성이 드러나도록 기술, 추진사업의 실시 예정 시기 및 기간 포함

지역농업 및 지역사회와의 연계	① 지역사회와의 연계성 ② 지역 내 농촌융복합산업 자원과의 연계성

1. 지역 내 일자리 창출, 지역사회 공헌 방식

지역주민 고용계획, 지역사회 발전에 기여 활동(장학금, 마을잔치 등) 계획 등에 대해 기술

2. 지역 내 관광자원, 농촌융복합산업 시설(직매장, 가공시설, 체험장 등) 활용·연계 방안

지역 내 종합가공센터 활용, 체험농가와의 연계, 체험마을의 숙박시설 활용 등에 대해 기술

농산물 확보현황 및 향후 확보계획	

2차 가공, 3차 체험·서비스에 사용되는 1차 농산물의 확보현황 및 향후 3년간 계획에 대해 기술

〈농산물 확보현황〉 ※ 전년 기준

품 목	총소요량 (톤)	자가생산	계약재배		매입(농협 등)	
			지역 내 농가	지역 외 농가	지역 내	지역 외
		톤	톤	톤	톤	톤
		%	%	%	%	%
		톤	톤	톤	톤	톤
		%	%	%	%	%
		톤	톤	톤	톤	톤
		%	%	%	%	%

* 지역 : 사업장(경영체)이 소재하는 광역지방자치단체(시·도)를 의미하며, 다른 광역지방자치단체와 접해있는 경우에는 다른 광역지방자치단체와 접해있는 시·군(기초지방자치단체)을 포함

〈향후 확보계획〉 ※ 향후 3년간 연평균

* 작성 예시 : [향후 3년간(당해 연도 포함)의 계획 30톤/3년] → 10톤

품 목	총소요량 (톤)	자가생산	계약재배		매입(농협 등)	
			지역 내 농가	지역 외 농가	지역 내	지역 외
		톤	톤	톤	톤	톤
		%	%	%	%	%
		톤	톤	톤	톤	톤
		%	%	%	%	%
		톤	톤	톤	톤	톤
		%	%	%	%	%

재원조달계획 및 연차별 투자계획	
기 타	기타 특이사항 자유 기술

농촌융복합산업
사업자 신규 사업계획서

사 업 계 획 서

Ⅰ. 사업 명칭 : 약용작물재배 및 가공·유통
Ⅱ. 경영체 일반 현황

성명(법인명)	농업회사법인 유한회사 케어팜		사업자등록번호		403-81-74001		
대표자명	김 태 준		설 립 일		2013. 08. 05		
연 락 처			업 종		감초 가공 및 유통		
사업장 주소							
주 생산품(최대 3개)	감초재배 용기, 감초, 발효감초						
전년도 매출액 (해당하는 부분만 작성)	총매출액	306백만 원	자 본 금			200백만 원	
	가공	백만 원					
	체험·관광	백만 원	전년도 수출실적			백만 불	
	직거래	백만 원					
연도별 매출액	2012년	백만 원	2013년	백만 원	2014년	30.4백만 원	2015년 306백만 원
연도별 고용인원	2012년	명	2013년	2명	2014년	2명	2015년 2명
상시종업원 수	고용인원 : 1명(사무직 1명, 생산직 명, 기술직 명)						
비상시종업원 수	고용인원 : 3명(사무직 명, 생산직 명, 기술직 명)						
주요 거래처(최대 3개)	감초영농조합, cj						
6차 산업 내용	1차	약용작물재배(감초, 도라지, 백수오, 하수오 등)					
	2차	가공(분말, 발효 농축액, 조청 및 조미료 원료)					
	3차	체험(감초 파종 및 수확, 감초차 마시기)					
사업장 현황 * 계약재배 등 자가생산 외의 방법으로 원물 조달의 경우 '그 외'에 √ 체크 후 해당 면적 기입 사업장 현황	1차	농장면적 : 2,314㎡(전 2,314㎡ 답) * □ 자가생산(2,314㎡) □ 그 외(계약재배 또는 매입 등)(1,515㎡)					
		시설면적 : ㎡(하우스 축사 기타) * □ 자가생산 □ 그 외(계약재배 또는 매입 등)					
	2차	공장면적 : 1,249.5㎡(대지 1,117.3㎡ 건물 132.2㎡)					
	3차	판매장 면적 : ㎡(체험시설 ㎡ 또는 음식점 ㎡) * 음식점 및 체험시설 등이 있을 경우 판매장 면적에 포함하되, 괄호 안 별도 기재					
특 이 사 항 (인·허가, 정부지원 사항 등을 시계열 순으로 기재)	2016 고소득 지역특색 벤처농업 육성사업 선정						

Ⅲ. 세부 사업계획

기본방향	(① 사업 추진동기 및 사업 추진을 위한 지자체 여건, ② 융복합산업 형태(1×2차, 1×3차, 1×2×3차), ③ 목표(매출 포함), 단기·중장기 비전, ④ 사업 추진기간 등을 구체적으로 기술) * 농산물의 수입대체, 대기업 제품과 경쟁력, 신시장 개척, 기존에 없는 새로운 부가가치 창출 등의 실적과 계획을 포함하여 작성

1. 사업 추진배경 및 필요성

○ 감초가 다양한 산업에서 수요량이 증가하지만 99% 이상 수입에 의존

– 한약재의 원료뿐만 아니라 담배, 천연 화장품, 기능성 식품 및 기능성 소재 개발 등 수요가 꾸준히 증가
– 하지만 국내 수요량(10,000t)의 99% 이상이 수입에 의존하는 상황에서 생산국의 보호정책이 강화(가격 상승)되고 보관·저장·유통의 문제 우려

○ 최근 대량생산이 가능한 신기술 개발로 고소득 국산화 실현 가능

– 생산성 향상에 대한 기술이 부족한 상황에서 최근 대량생산이 가능한 식물재배용 화분을 활용한 특허기술* 개발

– 기존 식품 및 의약품 산업에 새로운 고부가가치의 효과를 제공할 수 있어 수요의 증대가 예상
– 단위면적당 생산량이 높고, 노동력 절감으로 농가소득 증대

○ 신기술을 이용한 감초재배를 통해 감초의 국산화와 원료 공급과 농산물의 부가가치를 높이기 위한 2차 가공으로 농가소득 증대를 통한 삼락농정(보람 찾는 농민, 제값 받는 농업, 사람 찾는 농촌) 실현

추진체계 (지역사회 연계성)	(사업 추진 전담조직·인력 및 지역 내 생산, 제조·가공, 유통, 관광 등의 분야별 농촌융복합산업 관련 주체 간 연대·협력 정도 등 기술)

2. 사업 추진체계

○ 2013. 농업회사법인 감초유통사업단 설립

○ 2014. 익산, 순창, 진안, 장수 재배

* 순창군 농업기술센터 시험포 재배

○ 2015. 전주, 익산, 완주, 순창, 진안, 장수

* 순창군 감초재배 보조사업 시행

○ **2016 고소득 지역특색 벤처농업 육성사업 선정**

- 재배단지 조성
- 가공공장 조성

세부계획	(지역 농산물 원물 확보방안, 사업 대상지역·고객, 판로확보 방안, 홍보·마케팅계획을 통한 매출 증대 등 사업 활성화를 위한 추진계획을 기술)

1. 지역 농산물 원물 확보방안

- 2014~현재 전주, 익산, 완주, 순창, 진안, 장수, 부안, 고창 등 20,000㎡ 재배 중

2. 판로확보 및 시제품 제작

- 한국감초영농조합(충북 제천 소재), KT&G, 한국약용작물교육협회, 한국한약유통협회, 전주**한방병원 등
- 피부미용(분말, 팩, 비누, 화장품)과 조미료(고추장, 조청 등), 농축액 시제품 개발

3. 사업 활성화를 위한 추진계획

- 2016 고소득 지역특색 벤처농업 육성사업 선정되어 현재 가공공장 조성 중(7월 중 완료예정)

<table>
<tr><td>투융자
계획</td><td>(사업 추진에 필요한 재원조달계획 및 연차별 투자계획 기술)</td></tr>
</table>

1. 재원조달계획

- 특허재배 화분 판매 수익으로 인한 자체 재원조달

(2014년 매출액   , 2015년 매출액   , 2016년 매출액)

2. 연차별 투자계획

구 분	2016	2017	2018
재배 용기 판매	500,000	1,000,000	5,000,000
생산량	50톤	100톤	500톤
매출액	4억 원	8억 원	40억 원
가공 유통	12억 원	24억 원	60억 원

Ⅳ. 원물 확보계획

품 목	총소요량 (톤)	자가생산	계약재배		매입(농협 등)	
			지 역	타 지역	지 역	타 지역
감초	120	48 (40%)	45 (37.5%)	27 (22.5%)	(%)	(%)
		(%)	(%)	(%)	(%)	(%)
		(%)	(%)	(%)	(%)	(%)
		(%)	(%)	(%)	(%)	(%)

[부록3]

농업법인 제도

농업법인 관련 안내[*]

1. 농업법인 제도의 특징

1) 근거법령

농업법인 설립 근거는 「농어업경영체 육성 및 지원에 관한 법률」이며, 영농조합법인(제16조)과 농업회사법인(제19조)으로 구분하고 법인의 설립 목적, 설립자 또는 조합원의 자격, 사업범위, 설립·등기·해산 등에 관한 사항을 규정하고 있습니다.

2) 법인의 성격

① 동법에서 영농조합법인은 '협업적 농업경영체'로, 농업회사법인은 '기업적 경영체'로 규정하고 있으며, 영농조합법인은 민법상 조합에 관한 규정을, 농업회사법인은 상법상 회사에 관한 규정을 준용하도록 하고 있습니다.

② 농업회사법인은 합명, 합자, 유한, 주식회사 중 하나의 형태

---

* 농림축산식품부(https://www.mafra.go.kr) 농업법인 관련 업무 안내서 발췌

로 설립이 가능합니다.

[비농업인의 출자]

① 영농조합법인은 의결권이 없는 준조합원의 자격으로 출자가 가능하며 출자한도는 없음.

② 농업회사법인은 비농업인의 출자를 허용하되 총출자액의 9/10를 초과할 수 없음.

※ 다만, 농업회사법인의 총출자액이 80억 원을 초과하는 경우, 총출자액에서 8억을 제외한 금액을 출자한도로 함.

3) 설립 주체

기본적으로 농업인 또는 농업생산자단체를 주축으로 설립할 수 있으며, 구체적 요건은 아래와 같습니다.

- 발기인 : 영농조합법인은 농업인 5인 이상, 농업회사법인은 농업인 1인 이상으로 하되 상법상 발기인 규정에 의합니다(합명·합자회사 2인 이상, 유한·주식회사 1인 이상).

[농업인의 정의]

▶ 농어업·농어촌 및 식품산업기본법 제3조 제2호 가목

- 농업인 : 농업을 경영하거나 이에 종사하는 자로서 대통령령으로 정하는 기준에 해당하는 자.

▶ 동법 시행령 제3조(농어업인의 기준) ① 법 제3조 제2호 가목에서 대통령령으로 정하는 기준에 해당하는 자란 다음 각호의 어느 하나에 해당하는 사람을 말한다.

1. 1,000㎡ 이상의 농지(「농어촌정비법」 제98조에 따라 비농업인이 분양받거나 임대받은 농어촌 주택 등에 부속된 농지는 제외한다)를 경영하거나 경작하는 사람.

2. 농업경영을 통한 농산물의 연간 판매액이 120만 원 이상인 사람.

3. 1년 중 90일 이상 농업에 종사하는 사람.

4. 「농어업경영체 육성 및 지원에 관한 법률」 제16조 제1항에 따라 설립된 영농조합법인의 농산물 출하·유통·가공·수출활동에 1년 이상 계속하여 고용된 사람.

5. 「농어업경영체 육성 및 지원에 관한 법률」 제19조 제1항에 따라 설립된 농업회사법인의 농산물 유통·가공·판매활동에 1년 이상 계속하여 고용된 사람.

[생산자단체의 정의]

▶ 농어업·농어촌 및 식품산업기본법 제3조 제4호
- 생산자단체란 농어업 생산력의 증진과 농어업인의 권익보호를 위한 농어업인의 자주적인 조직으로서 대통령령으로 정하는 단체.
▶ 농어업·농어촌 및 식품산업기본법 제3조 제4호
- 농업협동조합법에 따른 조합 및 그 중앙회.
- 산림조합법에 따른 산림조합 및 그 중앙회.
- 엽연초생산협동조합법에 따른 엽연초생산협동조합 및 그 중앙회.
- 수산업협동조합법에 따른 조합 및 그 중앙회.
- 농수산물을 공동으로 생산하거나 농수산물을 생산하여 공동으로 판매·가공 또는 수출하기 위하여 농어업인 5명 이상이 모여 결성한 법인격이 있는 전문생산자 조직으로서 농림축산식품부 장관 또는 해양수산부 장관이 정하는 요건을 갖춘 단체.

[농림축산식품부 장관이 정하는 요건을 갖춘 생산자단체 범위]

▶ 농림축산식품부 장관이 정하는 요건을 갖춘 생산자단체 범위
(농림축산식품부고시 제2013-43호)

- 「농어업경영체 육성 및 지원에 관한 법률」 제16조의 규정에 의한 영농조합법인 중 자본금이 1억 원 이상인 영농조합법인.

- 「농어업경영체 육성 및 지원에 관한 법률」 제19조의 규정에 의한 농업회사법인 중 농업인 5인 이상이 참여하고 자본금이 1억 원 이상인 농업회사법인.

- 「농업협동조합법」 제112조의 5 규정에 의하여 농림축산식품부 장관이 설립 인가한 조합공동사업법인 및 「농업협동조합법」 제138조의 규정에 의하여 농림축산식품부 장관이 설립 인가한 품목조합연합회, 산림조합법 제86조의 5의 규정에 의하여 산림청장이 설립 인가한 조합공동사업법인.

- 「농수산물 유통 및 가격안정에 관한 법률」 제7조의 규정에 의하여 농림축산식품부가 보조금을 지급하는 자조금 조성·운영단체.

- 「축산자조금의 조성 및 운영에 관한 법률」 제3조의 규정에 의하여 자조활동 자금을 조성·운영하는 축산단체.

4) 사업범위

① 영농조합법인 : 농업경영 및 부대사업, 농업과 관련된 공동이용 시설의 설치·운영, 농산물의 공동출하·가공·수출, 농작업 대행, 기타 영농조합법인의 목적 달성을 위해 정관에서 정하는 사업 등.

* 근거 : 농어업경영체 육성 및 지원에 관한 법률 제16조 및 시행령 제11조.

[농업의 정의]

▶ 농어업·농어촌 및 식품산업기본법 제3조 제1호 가목

- 농업 : 농작물재배업, 축산업, 임업 및 이들과 관련된 산업으로서 대통령령으로 정하는 것.

▶ 농어업·농어촌 및 식품산업기본법 제2조(농업의 범위)

1. 작물재배업 : 식량작물재배업, 채소작물재배업, 과실작물재배업, 화훼작물재배업, 특용작물재배업, 약용작물재배업, 버섯재배업, 양잠업 및 종자·묘목재배업(임업용 종자·묘목재배업은 제외한다).

2. 축산업 : 동물(수생동물은 제외한다)의 사육업·증식업·부화업 및 종축업.

3. 임업 : 육림업(자연휴양림·자연수목원의 조성·관리·운영업을 포함한다), 임산물 생산·채취업 및 임업용 종자·묘목재배업.

② 농업회사법인 : 농업경영, 농산물의 유통·가공·판매, 농작업 대행 이외에 부대사업으로 영농자재 생산·공급, 종묘생산 및 종균 배양 사업, 농산물의 구매·비축사업, 농기계 장비의 임대·수리·보관, 소규모 관개시설의 수탁관리사업.

* 근거 : 농어업경영체 육성 및 지원에 관한 법률 제19조 및 시행령 제19조.

[농업회사법인의 농지소유]

농업회사법인이 농지를 소유하기 위해서는 업무집행사원의 1/3 이상이 농업인이어야 합니다(농지법 제2조 제3호).

5) 의결권
영농조합법인은 1인 1표, 농업회사법인은 출자지분에 의합니다.
- 영농조합법인은 기본 성격은 민법상의 조합 관한 규정을 적용하며, 조합원은 출자액에 관계없이 1인 1표입니다.
* 다만, 영농조합법인의 경우 정관에 규정을 두어 조합원의 의결권을 출자지분에 따라 그 비례대로 의결권과 선거권을 가질 수 있습니다.
- 농업회사법인은 회사 형태이기 때문에 출자지분에 의하여 의결권이 달라지며, 비농업인도 출자지분에 따른 의결권을 인정합니다.

2. 영농조합법인과 농업회사법인 비교

구분	영농조합법인 (Farming Association Corporation)	농업회사법인 (주식, 유한, 합명, 합자) (Agriculture Corporation Company)
관련 규정	· 농어업경영체 육성 및 지원에 관한 법률 제16조	· 농어업경영체 육성 및 지원에 관한 법률 제19조
설립 요건	· 농업인 또는 농업생산자단체 5인 이상이 조합원으로 참여 – 비농업인은 의결권 없는 준조합원으로 참여 가능 * 결원 시, 1년 이내에 충원 (미충원 시 해산 사유)	· 농업인 또는 농업생산자단체가 설립하되, 비농업인은 총출자액의 100분의 90까지 출자 가능 * 다만, 총출자액이 80억 원을 초과하는 경우 총출자액에서 8억을 제외한 금액을 한도로 함
사업	· 농업의 경영 및 부대사업 · 농업 관련 공동이용 시설의 설치 및 운영 · 농산물의 공동출하·가공 및 수출 · 농작업의 대행 · 그 밖의 영농조합법인의 목적 달성을 위하여 정관으로 정하는 사업(동법 시행령 제11조)	· 농업경영, 농산물의 유통·가공·판매 농작업 대행 · 영농에 필요한 자재의 생산·공급, 종자 생산 및 종균배양 사업 · 농산물의 구매·비축사업 · 농기계 기타 장비의 임대·수리·보관 · 소규모 관개시설의 수탁·관리(동법 시행령 제19조)
농지 소유	· 소유 가능	· 소유 가능(단, 업무집행권을 가진 자 또는 등기이사가 1/3 이상 농업인일 것) * 농지법 제2조 제3호

[부록4]

임업후계자 자격 요건

임업후계자 자격 요건

구 분		자 격 요 건	접 수
임업후계자	①, ②, ③ 중 택일	① 55세 미만인 자로서 산림경영계획에 따라 임업을 경영하거나 경영하려는 자로 - 개인독림가의 자녀 - 3ha 이상의 산림을 소유(세대를 같이하는 직계 존·비속, 배우자 또는 형제자매 소유 포함)하고 있는 자 - 10ha 이상의 국유림 또는 공유림을 대부받거나 분수림을 설정받은 자	시장·군수·구청장
		② (연령제한 없음) 품목별 재배규모 기준(1,000㎡~10,000㎡) 이상에서 단기소득임산물을 생산하고 있는 자 ③ (연령제한 없음) 품목별 재배규모 기준(1,000㎡~10,000㎡) 이상에서 단기소득임산물을 생산하려는 자로 다음 요건을 모두 충족하는 자 - 교육 이수 : 임업 분야 40시간 이상 이수한 자. 단, 임업 관련 대학·고등학교 졸업자에 한해 면제 - 기준 규모 이상의 재배포지 및 사업계획을 수립한 자	

임산물 소득원의 지원 대상 품목

(임업 및 산촌 진흥촉진에 관한 법률 시행규칙 제7조 제1항 관련)

종류	품목명
수실류	밤, 감, 잣, 호두, 대추, 은행, 도토리, 개암, 머루, 다래, 복분자딸기, 산딸기, 석류, 돌배
버섯류	표고, 송이, 목이, 석이, 능이, 싸리, 꽃송이버섯, 복령
산나물류	더덕, 고사리, 도라지, 취나물, 참나물, 두릅, 원추리, 산마늘, 고려엉겅퀴(곤드레), 고비, 어수리, 눈개승마(삼나물)
약초류	삼지구엽초, 삽주, 참쑥, 시호, 작약, 천마, 산양삼, 결명자, 구절초, 약모밀, 당귀, 천궁, 하수오, 감초, 독활, 잔대, 백운풀, 마
약용류	오미자, 오갈피나무, 산수유나무, 구기자나무, 두충나무, 헛개나무, 음나무, 참죽나무, 산초나무, 초피나무, 옻나무, 골담초, 산겨릅나무, 산사나무, 느릅나무, 황칠나무, 꾸지뽕나무, 마가목, 화살나무, 목단
수목부 산물류	수액(樹液), 나뭇잎, 나뭇가지, 나무껍질, 나무뿌리, 나무순 등 나무(대나무류를 포함한다)에서 나오는 모든 부산물
관상산림 식물류	야생화, 자생란, 조경수, 분재, 잔디, 이끼류
그 밖의 임산물	위 품목 외에「산림자원의 조성 및 관리에 관한 법률」제2조 제7호에 따른 임산물로서 목재(목재제품을 포함한다)와 토석을 제외한 품목

참 고	**임업후계자 선발 관련 법령**

1. 「임업 및 산촌 진흥촉진에 관한 법률」 시행규칙

제3조(임업후계자의 요건) 법 제2조 제4호에서 '농림축산식품부령으로 정하는 요건을 갖춘 자'란 다음 각호의 어느 하나에 해당하는 자를 말한다.

1. 55세 미만의 자로서 「산림자원의 조성 및 관리에 관한 법률」 제13조에 따른 산림경영계획에 따라 임업을 경영하거나 경영하려는 자 중 다음 각 목의 어느 하나에 해당하는 자.

가. 「임업 및 산촌 진흥촉진에 관한 법률 시행령」 (이하 '영'이라 한다) 제3조 제1호에 따른 개인독림가의 자녀.

나. 3ha(헥타르) 이상의 산림을 소유(세대를 같이하는 직계 존·비속, 배우자 또는 형제자매의 명의로 소유하는 경우를 포함한다)하고 있는 자.

다. 10ha(헥타르) 이상의 국유림 또는 공유림을 대부받거나 분수림을 설정받은 자.

2. 산림청장이 정하여 고시하는 기준 이상의 산림용 종자, 산림용 묘목(조경수를 포함한다), 버섯, 분재, 야생화, 산채, 그 밖의 임산물을 생산하거나 생산하려는 자.

2. 임업후계자 요건의 기준[산림청고시 제2018-87호, 2018. 09. 21.]

(1) 임산물 소득원의 품목별 임업후계자 요건의 기준

구 분	재 배 규 모 기 준
가. 산림사업용 종자 또는 산림용 묘목	「산림자원의 조성 및 관리에 관한 법률」 제16조 제1항 및 같은 법 시행규칙 제13조 제1항에 따른 종·묘 생산업 등록을 한 자로서 3,000㎡ 이상의 포지를 소유하고 있거나 임차하고 있는 자
나. 수실류	1) 식재면적 10,000㎡ 이상에서 밤을 생산하고 있거나 재배하려는 자 2) 식재면적 3,000㎡ 이상에서 「지원 대상 품목」의 수실류 중 어느 하나 이상의 품목을 생산하고 있거나 재배하려는 자
다. 버섯류	1) 원목 50㎥ 이상에서 표고를 생산하고 있거나 재배하려는 자 2) 재배시설 1,000㎡ 이상에서 「지원 대상 품목」의 버섯류(톱밥배지로 재배하는 표고버섯 포함) 중 어느 하나 이상의 품목을 생산하고 있거나 재배하려는 자
라. 산나물류	3,000㎡ 이상의 토지에서 「지원 대상 품목」의 산나물류 중 어느 하나 이상의 품목을 생산하고 있거나 재배하려는 자
마. 약초류	3,000㎡ 이상의 토지에서 「지원 대상 품목」의 약초류 중 어느 하나 이상의 품목을 생산하고 있거나 재배하려는 자
바. 약용류	식재면적 3,000㎡ 이상에서 「지원 대상 품목」의 약용류 중 어느 하나 이상의 품목을 생산하고 있거나 재배하려는 자

구 분	재 배 규 모 기 준
사. 수목 부산물류	1) 잎을 채취하기 위하여 식재면적 2,000㎡ 이상에서 두충 또는 청미래덩굴 중 어느 하나 이상의 품목을 생산하고 있거나 재배하려는 자 2) 잎을 채취하기 위하여 식재면적 10,000㎡ 이상에서 은행·음나무·참죽나무 중 어느 하나 이상의 품목을 생산하고 있거나 재배하려는 자 3) 식재면적 10,000㎡ 이상에서 고로쇠나무, 자작나무 등의 수액을 채취하고 있거나 재배하려는 자
아. 관상산림 식물류	1) 재배포지 또는 재배시설 2,000㎡ 이상에서 분재를 생산하고 있거나 재배하려는 자 2) 재배시설 1,000㎡ 이상에서 자생란·이끼류 중 어느 하나 이상의 품목을 생산하고 있거나 재배하려는 자 3) 재배포지 3,000㎡ 이상에서 조경수·잔디·야생화 중 어느 하나 이상의 품목을 생산하고 있거나 재배하려는 자
자. 그 밖의 임산물	3,000㎡ 이상의 토지나 재배포지 또는 재배시설에서 「지원 대상 품목」의 그 밖의 임산물 중 어느 하나 이상의 품목을 생산하고 있거나 재배하려는 자

※ 상기 원목 50㎥는 약 3,686개의 표고목(지름 12cm 길이 120cm 기준)에 해당

[부록5]

2021년도
산림소득사업 신청서

	지자체명		접수번호	

	생산자단체 등의 명칭		법인등록번호		
신 청 자	성 명 (대표자명)		농업경영체 등록번호		생년월일
	주 소			전화번호	
	생산자단체 등의 형태	협동조합, 법인, 회사, 작목반, 기타	참여농가 수		호

	사 업 명	○○○○단지 조성사업		
신 청 내 용	대상 품목	* 대상 품목 기록(예 : 밤, 대추 등)		
	사업예정지 (동·리 번지까지 기재)		농작물재해보험가입	여 · 부
			산촌거점권역	
			특별관리임산물 채종단지 지정	여 · 부
	예산규모	총사업비 백만 원(국고 지방비 자부담)		
		* 보조율 : 국고 40%, 지방비 20%, 자부담 40% 또는 국고 40%, 지방비 40%, 자부담 20%		
	사업규모	대상지 면적 ㎡, 시설(예정)면적 ㎡		

「농림축산식품분야 재정사업관리 기본규정」 제34조 제1항의 규정에 의하여 신청하며 사업신청과
관련하여 사업대상자 선정기관이 본인의 아래의 개인정보를 처리하는 것에 동의합니다.

□ 사업신청과 관련된 붙임의 개인정보의 수집·이용에 동의합니다.
  (개인정보 수집·이용 동의사항은 뒷면 참조)
□ 사업신청과 관련된 붙임의 개인정보의 제공에 동의합니다.
  (개인정보 제공 동의사항은 뒷면 참조)

년   월   일

신청자   (서명 또는 인)

○ ○(시장·군수·자치구청장) 귀하

첨부서류 : 1. 사업계획서 1부
2. 사업장 토지 증명서류(토지대장, 토지등기부등본, 농업경영체확인서)
3. 자격을 증명하는 증빙자료 및 관련 서류 각 1부

참고

지자체 사업계획 검토서

□ 지자체 : ○○시·군·구

o 사업명(품목) :
o 신청자 :
o 사업 대상지 :

검 토 항 목	검 토 의 견
1. 사업계획의 타당성	
2. 사업대상자의 적정성	
3. 사업 완료 후 기대효과	
4. 유통·사업 전망 및 조성 후 유지관리계획	
5. 종합평가 의견	

2020. . .

붙임 3

(○○○○○단지 조성) 신청 기본요건 점검표

□ 지자체 : ○○시·군·구
□ 신청자 :　　(□ 임업후계자, □ 독림가, □ 신지식임업인, □ 생산자단체

항목	내 용	예	아니오
사업대상자	영농조합법인, 농업회사법인, 협동조합, 사회적 협동조합, 협동조합연합회, 사회적 협동조합연합회 여부		
	임업후계자, 독림가, 신지식임업인 여부		
법인요건 (영농조합법인, 농업회사법인 협동조합, 사회적 협동조합, 협동조합연합회, 사회적 협동조합연합회)	총출자금이 1억 원 이상 여부 * 확인대상 : 영농법인, 농업법인		
	자본금이 자부담 이상 확보 여부		
	설립 후 운영실적이 1년 이상 여부(최근 1개년 결산재무제표 유무)		
	영농조합 조합원 중 5인 이상이 농업인 여부 및 농업회사법인에 농업인 5인 이상 참여 여부		
공통요건	자부담금 확보 가능 여부		
사업부지	임업후계자, 독림가, 신지식임업인, 생산자단체의 소유 여부		
	신청자의 소유가 아닌 경우 전세권 설정 등 지원 요건 충족 여부		
	담보 및 지상권 설정 등 재산권 제한 여부		
	사업 관련 각종 인·허가 가능 여부		
사업계획서	전년도 사업실적 및 공동기반시설 등 확인		
구비서류	사업신청 시 구비서류가 갖추어져 있는지 여부		
지원 제한 기준	거짓이나 그 밖의 부정한 방법으로 보조금 또는 간접보조금을 교부받은 사유로 교부결정의 전부 또는 일부 취소를 1회 이상 받았는지 여부		
	보조금을 다른 용도에 사용한 이유로 교부결정의 전부 또는 일부 취소를 2회 이상 받았는지 여부		
	보조금법, 관련 지침이나 보조금 교부결정의 내용 또는 사업시행기관의 장의 처분을 위반한 사유로 교부결정의 전부 또는 일부 취소를 3회 이상 받았는지 여부		
	동일사업으로 타 기관에서 지원받아 사업을 실행 중이거나 추진 예정인지 여부		
	산림소득분야 공모사업으로 지원(준공기준)받은 이후 3년(2021년 1월 1일 기준)이 지나지 않았는지 여부		
	숲가꾸기 사업 준공 후 5년 경과 여부 * 확인대상 : 산림복합경영단지 (어린나무가꾸기의 경우 준공 후 3년 경과 여부)		

항목	내 용	예	아니오
가점 사항	산촌거점권역(시·군)의 생산자단체 여부		
	특별관리임산물 채종단지 지정 여부		
	농작물재해보험 또는 농(임)업인안전재해보험에 가입한 단체 여부		
기 타	계획서와 현장이 부합하는지 여부		
	내재해형 기준(하우스 등)이 있는 경우 기준 충족 여부 * 강풍, 대설 다발지역은 재해에 대비한 규격(폭, 높이, 길이 등) 조정 가능		
	농림축산식품사업에 대하여 5년간 최대 3회 이상 지원한 적이 있는지 여부 * 중복·편중 지원 여부		
	e-나라도움, 행정절차(입찰대행) 이행필요 등 사업이해도		

참고

공모사업 선정 심사 평가표

□ 사업명 :

평가 항목	배점	신청 대상자				
		1	2	3	4	··
계	100					
1. 사업계획의 타당성	40					
1) 추진계획의 적정성(지원 대상 사업 여부 등)	15					
2) 예산계획의 적정성(지원 단가, 한도 등)	15					
3) 생산, 유통, 판매계획	10					
2. 사업 추진여건	30					
1) 사업에 대한 이해도 및 추진의지	15					
2) 사업 추진능력(전문교육 이수, 재배경력)	15					
3. 사업지원 후 운영계획에 대한 실효성	20					
1) 재원조달의 적정성	10					
2) 운영결과 수익 가능성	10					
4. 유통 및 사업 전망	10					
1) 유통·판매망 확보	5					
2) 향후 사업 전망	5					

* 평가 항목 및 배점은 해당 지자체의 여건에 따라 조정 가능.

농촌융복합산업
선두주자가 알려주는
창업농 노하우

부자
농부의
창업 이야기

초판 1쇄 발행 2021. 3. 11.

지은이 김태준
펴낸이 김병호
편집진행 한가연 | **디자인** 양헌경
마케팅 민호 | **경영지원** 송세영

펴낸곳 주식회사 바른북스
등록 2019년 4월 3일 제2019-000040호
주소 서울시 성동구 연무장5길 9-16, 301호 (성수동2가, 블루스톤타워)
대표전화 070-7857-9719 **경영지원** 02-3409-9719 **팩스** 070-7610-9820
이메일 barunbooks21@naver.com **원고투고** barunbooks21@naver.com
홈페이지 www.barunbooks.com **공식 블로그** blog.naver.com/barunbooks7
공식 포스트 post.naver.com/barunbooks7 **페이스북** facebook.com/barunbooks7